IAN STEWART

イアン・スチュアート
数学探検コレクション

迷路の中のウシ

COWS IN
THE MAZE

川辺治之［訳］

共立出版

Cows in the Maze: And other mathematical explorations, First Edition

by Ian Stewart

©Joat Enterprises 2010

Cows in the Maze: And other mathematical explorations, First Edition was originally published in English in 2010.

This translation is published by arrangement with Oxford University Press.

Japanese language edition published by Kyoritsu Shuppan Co., Ltd.

序

　牛が戻ってきた．

　「迷路の中のウシ」というゲームは聞きなれないか，それほど注目していなかったかもしれないが，これを題名にした本書は *Scientific American* とそのフランス版 *Pour La Science* での数学レクリエーションの連載からの選集で，オックスフォード大学出版から発刊される 3 冊目なのだ．このフランス版には主として独自の題材を掲載していたため，一時期，私は，米国版，フランス版それぞれ，年に 6 本の記事を書いていた．また，この 3 冊以外にも，ほかの出版社からこれまでに 2 冊を発刊している．

　そして牛，そう牛だ．

　オックスフォード大学出版局から 1 冊目の *Math Hysteria* を発刊するとき，編集者は，それぞれの章やもちろん表紙にも挿絵を入れてなるべく親しみやすい本にしようと考えた．そこでスパイク・ゲレルに挿絵を頼むことにしたのは，なんともいえぬ名案であった．その本には，「太陽の牛を数える」という章があった．これは，答えが 206,545 桁もあるものすごく複雑なパズルで，1880 年に初めてその答えが見つかったのだ．おそらくアルキメデスはそんなすごい答えになることを考えもしなかったと信じるに足る理由はあるが，本当のところを知る術はない．

　いずれにしろ，スパイクは，このギュウギュウ詰めの主題の一端に飛びついた．なぜなら，彼はとりわけ魅力的な牛が大好きだからだ．表紙には，月を飛び越える一頭の牛と，マスク（実際には頭巾だが）を被っている 3 頭の牛が描かれた．そして，本の背を見ると，一頭の牛が曲がり角から覗いているのがわかるだろう．

　そして，2 冊目の *How to Cut a Cake* では，スパイクは，チェス盤上の馬，

電話のコードに絡まった猫（といってもシュレディンガーや量子的な何かとは関係はない），そして，困惑した兎を登場させたが，牛の出番はなかった．この牛に対する不当な扱いを埋め合わせする機会は，3冊目を発刊すると決めたときに訪れた．そして，題材の一つに「迷路の中のウシ」があったのだ．これで，書名を考える手間も省けた．

さて，読者は，数学は真剣に取り組むべきもので，迷路を作っては壊しする技師が走り回る牛の群れを見ているというのは，真面目さに欠けると考えるかもしれない．しかし，何度も申し上げているように，「真剣に」は必ずしも「真面目くさって」と同じではない．もちろん，数学は真剣に取り組むべきものである．おそらく数学なくして，われわれの文明は機能しないだろう．たしかに多くの人にとっては目新しい側面もあるだろうが，それを知りたい人にならば誰であっても，それを示すのはたやすい．こうした理由から数学は重要だと言えるので，小数点や平行四辺形に対してむきになりすぎて，全体的な主題をもっと味わうための秘訣を見失なってしまわないよう，少しばかり気を鎮めたほうがいい．

具体的に言えば，数学を楽しむということである．

大変な仕事も，多少は楽しいものだ．頭の中の豆電球が光って，何が数学を生みだす動機となっているかが突然理解できたときのすばらしい感覚には何者も打ち勝ちがたい．本を書いていないときの私の仕事の大部分を占める数学研究の99パーセントは，例えて言うなら煉瓦塀に頭を打ちつけているようなものであり，残りの1パーセントは，それは至極当たり前で自分はとんでもなく間抜けだいうことに突如として気づくことである．「ピカッ！」と閃めけば，人類の99.99パーセントは答えはおろか問題さえ理解していないという愚かさを一笑に付すことになる．いったん数学を理解すれば，あとは簡単に見えるものだ．

私が数学者になった理由の一つは，比類無きマーチン・ガードナーが執筆していた「数学ゲーム」という *Scientific American* の連載記事である．ガードナーは数学者ではないが，雑誌記者という枠には収まらないだろう．ガードナーは作家であり，彼の興味は，パズル，（舞台で演じられる）奇術，哲学，そして愚かな似非科学の暴露にまで及ぶ．彼の「数学ゲーム」の連載は，数学者ではないものの，おもしろいこと，奇妙なこと，重要なことに対する人並み外れた

彼の直感があればこそ，うまくいったのだ．余人をもってガードナーには代えがたく，同じことを私がやろうなどとはけっして思わない．しかし，学校で経験したいかなることよりも数学は幅広く豊かであることを私に教えてくれたのは，ガードナーであった．

　私は，なにも学校で教える数学に文句をつけているわけではない．私は何人ものすばらしい教師に出会った．そのうちの一人がゴードン・ラドフォードで，私がガードナーから得たのと同じことを私や何人かの友人に教えるのに空き時間のほとんどを費やしてくれた．そこには，教科書が教えてくれる以上にたくさんの数学があった．学校はテクニックを教えてくれたが，ガードナーは熱中することを教えてくれた．英国の真に偉大な数学教育者の一人であるデイム・キャサリン・オルレンショーは，自伝 *To Talk of Many Things* の中で，学生時代に新しい数学を発見するという可能性を逸してしまった出来事について語っている．彼女の学友の一人が，もうすでに十分やったのにどうしてまだやらなければならないのかと反論したのだ．私はオルレンショーを支持する．実際，彼女は教育と地方政治を生業とすることになったのではあるが，彼女の熱意がどのように満たされたかについて本書の一章を割いた．その時点で彼女は82歳であったが，それはもう10年も前のことである．

　本書は，どの章から読んでもらっても構わない．それぞれの章は独立しているので，手に負えない章があれば読み飛ばせばよい．（これは，若い頃に私が幸運にも学んだ数学をするための秘訣の一つだ．難解な部分にぶち当たってもそこで立ち止まらずに，とにかく前に進んだほうがよい．たいがいはそのうちにわかるようになるし，そうでなくても，いつでも立ち戻ってもう一度挑戦すればよいのだ．）ただし，時間旅行の数学に関する3章（連載当時は2ヶ月分の記事だったが，一方は非常に長かったので二つに分けた）だけは連続した話になっている．

　題材は多岐に渡る．本書は教科書ではなく，数学的な探求や発見の楽しみを謳歌するものだ．いくつかの章は「物語」仕立てだが，残りは直接的な説明になっている．*Scientific American* での連載が3ページから2ページに減らされてしまったので，物語仕立てにするのを止めざるをえなかった．*Pour La Science* は，この物語調を許しつづけてくれたので，*Scientific American* に毎月執筆す

るようになるまでは，それぞれに隔月で記事を書いていた．そして，牛にもかかわらず，聡明な読者は，これらのページにちりばめられた多種多様な本物の数学に出会うことになる．それは，数論，幾何学，位相幾何学，確率論，組合せ論，さらには流体力学，数理物理学，動物の運動といった応用数学の分野にまで及ぶ．

この連載記事は精力的に情報を寄せてくれる読者からの恩恵をこうむっていて，結果的には本書の題材のアイデアの半分ほどは読者が提供してくれたものだ．そこで，ほとんどの章に「読者からの反応」と題した節を設け，読者が教えてくれたことを記している．連載当時の雰囲気を残そうとしたが，最新の情報は取り入れて，気づいた誤りや曖昧さは修正した．また，インターネットの影響度がますます大きくなっていることを反映し，章末にそれぞれ関連するウェブサイトへの参照を提示することにした．

私がスパイクの牛と戯れるのを許そうと心に決めてくれた本書の編集者ラサ・メノンやオックスフォード大学出版局の人たち，牛で飾り立てた表紙を描いてくれたスパイク，すべての始まりとして私に *Pour La Science* でも好きなようにさせてくれたフィリップ・ブーランジェ，そして子供の頃の夢を叶える手助けをしてくれた *Scientific American* に感謝したい．

コベントリー，2009 年 9 月

イアン・スチュアート

図版出典

下記の図はそれぞれの著作権者の許諾を得て転載した．
- 図 11.5 　ⓒAndrew Davidhazy.
- 図 16.4 　ⓒScience Museum/SSPL.
- 図 17.1 　ⓒNature and Jonathan Callan.
- 図 17.5 　ⓒSloan Digital Sky Survey.
- 図 17.6 　ⓒNASA.
- 図 21.2, 21.3 　ⓒDr. Schaffer and Mr. Stern Dance Ensemble.

目　次

1. さいころコロコロ … 1
2. 多角的に私生活を守る … 15
3. つないで勝とう … 23
4. 跳躍チャンピオン … 33
5. 四足動物と歩こう … 45
6. 結び目による空間敷き詰め … 61
7. 未来へ GO!! 1：時間の遭難者 … 71
8. 未来へ GO!! 2：いろんな穴 … 85
9. 未来へ GO!! 3：過去への帰還（利息つき） … 97
10. 円錐をひと捻り … 113
11. 涙滴はどんな形か … 121
12. 取調官の誤審 … 135
13. 迷路の中のウシ … 149
14. 騎士の巡歴 … 163
15. あやとり数学への挑戦 … 175
16. クラインのガラス瓶 … 185
17. セメントで固められた関係 … 195
18. 結んでみなければ，結び目は得られない … 205
19. 「最完全」魔方陣 … 215
20. そりゃあ無理というものだ！ … 227
21. 12面体で踊ろう … 237

参考文献 … 245
訳者あとがき … 253
索　引 … 255

1
さいころコロコロ

　さいころ・・・それは，立方体に目をつけただけの単純な物に見える．古代人は，さいころを賭け事に使い，神の意志を占った．偶然それ自体にも規則性があるという広範な理解の中で，さいころの数学が展開されたのはごく最近である．どうやってその規則性を見つけだせばいいだろうか．

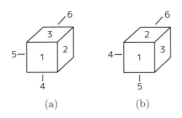

図 1.1　さいころの 2 種類の目の配置

　さいころ（英語の単数形は die だが，通常は dice と複数形で用いられる）は，もっとも古くから知られている賭博道具の一つである．ローマの歴史家ヘロドトスによれば，さいころはアテス王の時代にリディア人によってもたらされたとしている．しかし，ソフォクレスはそれに異を唱えていて，さいころの発明はパラメデスというギリシャ人に帰するもので，伝えられるところによるとトロイの包囲の頃とのことだ．トロイ人の降伏を待つ間，包囲軍の退屈を紛らわすためにさいころが発明されたというのはもっともらしいが，実際には，さいころは別のところで発明されたのだ．さいころは，紀元前 600 年頃の中国の遺跡から見つかっている．考古学者は，紀元前 2000 年にまで遡るエジプトの埋葬室で，使い方や目的が今日とまったく変わらない，立方体状のさいころを発見している．また，紀元前 6000 年のものまで見つかっている．さいころは，さまざまな文化において互いに無関係に生み出された基本的な形態の一つであろう．しかしながら，すべてのさいころが立方体とは限らない．アメリカ・インディアンや，アズテカやマヤなどの南米の文明，ポリネシア，エスキモー，多くのアフリカの部族は，さまざまな形状に多くは見慣れない印をつけたさいころを使っている．その中には，ビーバーの歯や磁器などで作られたものもある．ロールプレイングゲームでは，正多面体形のさいころを使う．

　さいころは，こんなに単純な道具だが，無限に近い可能性を秘めている．

　この本がさいころだけで終わってしまわないように，現代の標準的なさいころだけに焦点を当てることにしよう．もちろん，その形状は立方体で，通常，辺や頂点は丸みを帯びている．その鍵となる特徴はそれぞれの面につけられた目の配置で，それぞれの目の数は 1, 2, 3, 4, 5, 6 である．相対する面の目の和は

7になるので，1と6，2と5，3と4の目がそれぞれ対になる．立方体を回転させて同じになるものは除くと，この性質をもつ目の配置は2通りだけである（図1.1）．そして，一方はもう一方の鏡像になっている．今日，西洋で製造されるすべてのさいころは図1.1aの配置になっているといってもよく，それは1, 2, 3の目の面が，それらによって共有される頂点の回りに反時計回りに並ぶ．日本では，麻雀以外のすべてのゲームではこの配置のさいころが使われ，麻雀ではそれとは鏡像となる図1.1bの配置のさいころが使われるという．東洋のさいころは，1の目がやや大きく刻まれていたり，いくつかの目が黒ではなく赤であったりと，文化によって多種多様である．

さいころは，2個を同時に投げられることが多い．これに関する基本的な事実として，出る目の合計値の確率がある．さいころが公平，すなわち，それぞれの面は1/6の確率で上になることを前提としてこの確率を計算するには，与えられた合計値になる組合せが何通りあるかを数え上げればよい．そして，2個のさいころが区別できることを勘案し，目の出方の組合せの総数である36で割る．これは，一方のさいころが赤色で，もう一方のさいころが青色だと想像してみれば，わかりやすい．すると，目の合計が12になるのは，1通りしかなく，それは赤いさいころの目が6で青いさいころの目も6である場合だ．したがって，目の合計が12になる確率は1/36である．一方，目の合計が11になるのは，2通りある．それは，赤いさいころの目が6で青のさいころの目が5の場合と，赤いさいころの目が5で青のさいころの目が6の場合だ．したがって，この確率は$2/36 = 1/18$になる．

これは自明に見えるかもしれないが，通常，2個のさいころは見分けがつかないので，それらに色付けするのは少し作為的だ．傑出した思想家でもあり偉大な数学者・哲学者でもあったゴットフリート・ライプニッツは，合計が11になる確率と12になる確率は同じでなければならないと考えた．ライプニッツは，合計が11になるのは，一方のさいころの目が6でもう一方の目が5の1通りしかないと主張した．しかしながら，このような主張に関しては，いくつもの問題がある．おそらくその中でももっとも大きなものは，目の合計が11になる確率は12になる確率のほぼ倍だという実験によって真っ向から反論されるということだ．また別の反論としては，このことから二つのさいころの目の合

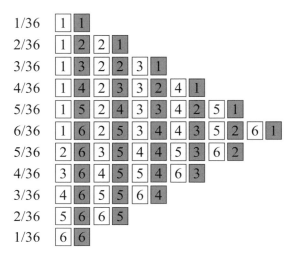

図 1.2　二つのさいころの目の合計の確率

計が（それがいくつであれ）ある数になることの確率が 1 よりも小さいという，ありえない結果を導くということだ．その説明が受け入れられないならば，目の合計が 12 になる確率は 1/36 より大きいことになる．

合計が 2 から 12 までの場合のそれぞれの確率を図 1.2 に示した．これらの確率に対する直感がきわめて重要なゲームの一つに，1890 年代に始まったクラップスというゲームがある．これは，プレーヤーの一人がさいころの振り手となり，ある金額を提示する．残りのプレーヤーは，それを「削って」いく，つまり，彼ら自身が賭ける金額を決める．この額の合計が，振り手が最初に提示した金額より小さければ，振り手は合計金額に合うように賭け金を減らす．そこで，振り手は 2 個のさいころを振る．その合計が 7 または 11（「ナチュラル」）ならば無条件で振り手の勝ちとなる．合計が 2 (「蛇の目」)，3，12 (「クラップス」) ならば負けである．それ以外の場合は，2 個の目の合計が 4, 5, 6, 8, 9, 10 のいずれかであり，それを振り手の得点とする．振り手はさいころを振り続け，合計で 7 の目が出る（「クラップ・アウト」）前にもう一度同じ得点が得られれば，振り手の勝ちで全額を勝ち取り，そうでなければ負けとなる．

図 1.2 と二，三の考慮によって，振り手が勝つ確率は 244/495，すなわち約

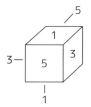

図 1.3　変則さいころ

49.3%であることがわかる．これは，半分（50%）よりわずかに小さい．プロの賭博師は，このわずかに不利な状況を 2 通りの方法で有利に変える．その一つは，賭け金に関する卓越した知見を活用して，前述の勝負とは別にほかのプレーヤーがさいころの目の出方に対して賭けるのを受け入れたり拒否したりすることである．もう一つは，手先の早業によって，細工をしたさいころをゲームに投入して，いかさまをすることである．

　さいころには，さまざまな方法で不正な細工を施すことができる．さいころの面を微妙に削って，面のなす角度を直角でなくしたり，重心を「片寄せ」したりする．これらの細工はどれもある目をほかの目よりも出やすくする．もっとひどいのは，標準的なさいころを，いろいろな種類の細工を施した変則さいころとすり替えるといういかさまだ．たとえば，3 種類の目しかなく，反対側の面が同じ目になっているさいころもある．目が 1, 3, 5 だけのさいころの例を図 1.3 に示す．いかなる瞬間においても，プレーヤーからはさいころのたかだか三つの面しか見えないので，隣り合う二つの面が同じ目でなければ，注意して見ないと問題があるようには見えないのだ．しかしながら，このさいころでは，すべての頂点の周りの目の配置を「正しい」順にすることはできない．すなわち，ある頂点の周りに反時計回りに 1, 3, 5 の順に並んでいたとすると，それと隣り合う頂点の周りには図 1.3 のように時計回りに 1, 3, 5 の順に並ばなければならない．したがって，注意深く見れば，このごまかしを見破ることができる．

　クラップスにおいても，変則さいころはさまざまな使われ方をする．たとえば，前述の 1, 3, 5 の目しかないさいころを二つ使えば，けっして目の合計は 7

にならないので，どの振り手もクラップ・アウトすることはない．1，3，5の目のさいころと，2，4，6の目のさいころを組み合わせると，目の合計は偶数にならないので，4，6，8，10を得点することはない．変則さいころは，その存在を気づかれないよう，慎重に使わなければならない．どんなにばか正直な人でさえ，いずれはなぜ目の合計が奇数ばかり続くのかと不思議に思いはじめるだろう．したがって，都合よく賭け率を少しだけ変えるように，細工したさいころと普通のさいころを素早く入れ換えることになる．一つの目だけが二つの面にある「一点細工」もある．さいころの目の配置を一瞬で認識するのは，プロの賭博師にとって欠かせない技量である．なぜなら，それで変則さいころを見破ることができるからだ．

さまざまな手品や宴会の隠し芸でも，さいころは使われる．その多くは，反対の面にある目の合計が7であるという規則に基づいている．マーチン・ガードナーは，彼の著書 Mathematical Magic Show で，そのような手品の一つを紹介している．奇術師は観衆に背中を向けて，三つの標準的なさいころを振って出た目を合計するように頼む．そこで，三つのさいころのうちの一つを選んで，そのさいころの裏側の数を合計に加えるように餌食となる人に言う．そして最後に，そのさいころをもう一度振って，出た目を先ほどの合計に加えるように言う．ここで，奇術師は観衆のほうを向くと，即座にその合計を言い当てる．たとえ，どのさいころが二度振られたのかを知らなくてもよいのだ．

これは，どのようにしてうまくいくのだろうか．最初に振ったさいころの目が a，b，c だとして，a のさいころが選ばれたとしよう．最初の合計は $a+b+c$ であり，これに $7-a$ を加えると $b+c+7$ になる．ここで，a のさいころがもう一度振られて d の目が出たとすると，最終的な合計は $d+b+c+7$ になる．奇術師は三つのさいころを見て，それらの目の合計は $d+b+c$ であるから，この合計をすばやく計算して，それに7を加えればよいのだ．

英国の偉大なパズル作家ヘンリー・アーネスト・デュードニーは，彼の著書 Amusements in Mathematics の中で，また別のトリックを紹介している．このトリックでも，奇術師は，背を向けている間に三つのさいころを振るように頼む．今度の餌食となる人は，一つめのさいころの目を2倍して5を加え，その結果を5倍して，二つめのさいころの目を加え，その結果を10倍したら，そ

れに三つめのさいころの目を加えるように言われる．その結果を聞いた奇術師は，すぐさま三つのさいころの目が何であったかを答える．もちろん，結果は $10(5(2a+5)+b)+c$，すなわち $100a+10b+c+250$ になっている．つまり，聞いた結果から 250 を引けば，その答えのそれぞれの桁が三つのさいころの目を表しているのだ．

さいころを使うゲームの中には，確率的な要素を含まないものもある．そのようなあるゲームでは，まず一人のプレーヤーが目標値とする数を選ぶ．たとえば，それを 40 だとしよう．もう一人のプレーヤーは，さいころのある面，たとえば 3 の目を上にして机に置く．この値を合計値の初期値とする．そして，このプレーヤーがさいころを 90 度だけ回転させる．すると，1, 2, 5, 6 のどれかの目が上になる．どの目が上になっても，それを合計値に加える．たとえば，このプレーヤーが 2 の目を上にしたならば，合計値は $3+2=5$ となる．このあと，プレーヤーは交互にさいころを好きな方向に 90 度回転させて，上になった目を合計値に加えていく．そして，合計値が目標値よりも大きくしたプレーヤーが負けとなる．

このようなゲームを解析するための系統的な手法があり，それは拙著 *Another Fine Math You've Got Me Into* で詳細に説明した．その基本的な考え方は，ゲームの局面を「勝ち」と「負け」の二つのクラスに分け，次の二つの原理に従って最終局面から逆向きに調べていくというものだ．

- 現在の局面からどのような手を打っても（相手にとっての）「勝ち」局面になるならば，現在の局面は「負け」局面である．
- 現在の局面からある手を打つことで（相手にとっての）「負け」局面になるならば，現在の局面は「勝ち」局面である．

たとえば，現在の合計値が 39 で，1 の目が上の面にあるならば，次のプレーヤーには 40 を越えないような選択肢はない．したがって，この局面は「勝ち」局面である．実際，このゲームで勝つためには，あなたは適切な手を打たなければならない．

この計算を続けるには，合計値と目標値の差を考えたほうがよい．これが，その時点からの実効目標値である．前述の例では，実効目標値は $40-39=1$

で，次のプレーヤーがどのような手を打ったとしても，それはこの値を上回る．一方，2の目が上になっていて，実効目標値が1であれば，次のプレーヤーはさいころを回転させて1の目を上にして，勝つことができる．

　実効目標値が0から25までのゲームのさまざまな局面の状態を整理すると，次の表のようになる．左端の列は，局面の状態，すなわちどの面が上を向いているかを表す．一番上の行は実効目標値を示し，それ以下の行はそれぞれ，「負け」局面を意味するLか，「勝ち」局面として打つべき手の一覧を示している．局面の状態として1か6の目が出ていれば，次に打つことのできる手は2，3，4，5のいずれかであり，実質的に同じ状態である．2と5の目，3と4の目についても同じことが言える．したがって，この表は3行あれば足りるのだ．

実効目標値		1	2	3	4	5	6	7
局面	1, 6	L	2	3	4	5	3	234
の	2, 5	1	1	3	4	L	36	346
状態	3, 4	1	12	L	L	5	6	26

実効目標値		8	9	10	11	12	13	14	15	16
局面	1, 6	4	L	5	23	34	4	5	3	234
の	2, 5	4	L	1	3	34	4	L	36	34
状態	3, 4	L	L	15	2	L	L	5	6	2

実効目標値		17	18	19	20	21	22	23	24	25
局面	1, 6	4	L	5	23	34	4	5	3	234
の	2, 5	4	L	1	3	34	4	L	36	34
状態	3, 4	L	L	15	2	L	L	5	6	2

　この表は，重要な特徴を強調するように分割してある．実効目標値が17から25までの列は，実効目標値が8から16までの列と同じなのである．この規則性は，一度それが成り立てば，永久に繰り返す．すなわち，実効目標値が26から34までの列，35から43までの列，44から52までの列はどれも8から16までの列と同じになる．この理由は，どのような手も実効目標値をたかだか6減らすことしかできないので，それぞれの列の値は，その列のすぐ左にある6列だけに依存していることにある．したがって，6列またはそれ以上の連続する列のブロックが，それより前の列のブロックと同じになるやいなや，永久に

それを繰り返す．

　この種のすべてのゲームにおいて，このような繰り返しの生じることが期待される．なぜなら，とりうる列の値は有限種類しかないからである．このゲームでは，幸運にも繰り返しのブロックがすぐに現れ，そしてそのブロックは短かった．これが，直感からはかなりかけ離れた，勝つための戦略の完全な処方箋になる．決められた目標値から，結果が 1 以上 16 以下になるまで，繰り返し 9 を引く．そして，その結果の列を見ると，その局面が「勝ち」なのか「負け」なのかがわかる．「勝ち」局面であれば，そこに記された勝つための一手のどれかを打てばよいのだ．

　たとえば，目標値が 1000 だとすると，繰り返し 9 を引くと 19 になるが，まだ 16 より大きいので，もう一度 9 を引いて 10 になったところで引き算を止める．そして，実効目標値が 10 の列を見ると，どの局面の状態でも勝つための手を打てることがわかる．局面の状態が 1 か 6 の目ならば，さいころを回転させて 5 の目を上にする．局面の状態が 2 か 5 の目ならば，さいころを回転させて 1 の目を上にする．局面の状態が 3 か 4 の目ならば，さいころを回転させて 1 か 5 の目を上にする．この手続きを繰り返せば，最終的に勝つことになる．

　残念ながら，あなたの手番で「負け」局面だったならば，相手がこの必勝戦略を知らないことに期待するしかない．その場合，あなたは好きな手を打って相手が応手するのを待ち，そして，前述の計算をやり直すのだ．まぐれが続くのでなければ，すぐにあなたの「勝ち」局面になって，その後はゲームを完全に支配できる．少しがんばれば，この表全体を憶えておくこともできる．あるいは，それぞれの局面の状態に対して，勝つための手すべてではなく，そのうちの一つだけを憶えるようにすれば，表は簡単になる．実際，工夫すれば 12 列目以降は憶えなくてよいので，憶えるべき表は十分扱える大きさになる．

　目の並びが非標準のさいころを使った問題もある．たとえば，二つのさいころのそれぞれの面に，0, 1, 2, 3, 4, 5, 6 のいずれかの目を配置して，二つのさいころの目の合計として 1 から 12 までがどれも等しい確率で出るようにできるだろうか．（解答は，この章の最後に示す．）おそらく，もっとも直感に反するのは，「非推移的さいころ」による現象だろう．それは，三つのさいころに次のように目を割り当てる．

A: 3 3 4 4 8 8
B: 1 1 5 5 9 9
C: 2 2 6 6 7 7

すると，長い目で見れば，BはAに勝つ．実際，AよりもBのほうが大きい目が出る確率は5/9である．同様に，CはBに5/9の確率で勝つ．そうすると，当然CはAに勝つと言えるか．いや，そうではない．AはCに5/9の確率で勝つのだ．これらの主張が成り立つことは，次の表を見ればわかる．この表は，それぞれのさいころの組合せに対して，どちらが勝つかを示している．たとえば，BとCとの対戦は，中央の表を見ればよい．Bの目が5で，Cの目が6ならば，Cの目はBの目よりも大きいので，Cの勝ちである．したがって，5の列と6の行の交点には，Cと書かれている．

		A		
		3	4	8
	1	A	A	A
B	5	B	B	A
	9	B	B	B

		B		
		1	5	9
	2	C	B	B
C	6	C	C	B
	7	C	C	B

		C		
		2	6	7
	3	A	C	C
A	4	A	C	C
	8	A	A	A

左の表には，5個のBと4個のAがあるので，すでに述べたように，BはAに5/9の確率で勝つ．中央の表には，5個のCと4個のAがあるので，CはBに5/9の確率で勝つ．中央の表には，5個のAと4個のCがあるので，AはCに5/9の確率で勝つ．

このさいころの組合せを使うと，ひともうけすることができる．まず，相手にさいころを一つ選んでもらう．そこで，あなたはそれに勝つ（長い目で見て勝つ確率が半分より大きい）さいころを選ぶ．これを繰り返す．すると，相手には「一番いい」さいころを選択する自由があるにもかかわらず，あなたは常に55.55%の確率で勝つだろう．

ここで，一言忠告しておこう．ゲームの規則が厳密に決まっていないのならば，確率を当てにしすぎないほうがよい．イーヴァル・エクランドの楽しい数学エッセイ *The Broken Dice* では，北欧の二人の王が争っている島の運命を決

めるためにさいころを使う話が語られている[訳註1]．スウェーデンの王は，二つのさいころを振って，6のゾロ目を出した．これに勝つことはできないからノルウェーのオーラヴ王も降参せざるをえないだろうと，スウェーデンの王はたかをくくっていた．オーラヴ王は，自分も6のゾロ目を出してやるなどと呟くと，二つのさいころを振った．一方のさいころは6の目が出た．そして，もう一方は二つに割れ，それぞれ1と6の目が上になった．目の合計は13だ！この話は，何が起こりうるかは問題をどうモデル化するかに依存していることを如実に物語っている．

この話が実話だとしたら，オーラヴ王はなんと幸運だったのだろう．ただ，オーラヴ王は相手を引っかけるために細工をしたのだと皮肉る者もいる．

読者からの反応

1997年11月号の記事の三つの「非推移的さいころ」の組合せに対して，多くの読者が独自の変種を送ってくれた．私のさいころは，A:(3,4,8), B:(1,5,9), C:(2,6,7) という目をもっていた．（それぞれの目が2度ずつ現れる．）そして，BはAに5/9の確率で勝ち，CはBに5/9の確率で勝ち，AはCに5/9の確率で勝つ．フロリダ州ゲーリングに住むジョージ・トレパルは，この三つのさいころの目は，その縦，横，対角線の合計がどれも等しくなる数の配列である魔方陣のそれぞれの列になることを指摘した．その魔方陣というのは次のようなものだ．

$$\begin{array}{ccc} 8 & 1 & 6 \\ 3 & 5 & 7 \\ 4 & 9 & 2 \end{array}$$

[訳註1] 実際には，スノッリ・ストゥルルソン著，リー・M・ホランダー訳 *Heimskringla : History of the kings of Norway* (Univ. of Texas Pr., 1964, 1967) 第94章 Saint Óláf's Saga（邦訳：谷口幸男訳，『ヘイムスクリングラ −北欧王朝史−（三）』（北欧文化通信社，2010）オーラヴ聖王のサガ）からエクランドが引用した話である．

さらに、興味深い「双対性」もある。この魔方陣のそれぞれの行をさいころの目に使う（あまり見かけない3面のものではなく、通常の6面のさいころを使うとすれば、それぞれの数を2度ずつ使う）と、A:(8,1,6), B:(3,5,7), C:(4,9,2)となり、これらのさいころの組合せもまた非推移的になる。すなわち、AはBに5/9の確率で勝ち、BはCに5/9の確率で勝ち、CはAに5/9の確率で勝つ。

魔方陣として

$$\begin{array}{ccc} 8 & 1 & 9 \\ 7 & 6 & 5 \\ 3 & 11 & 4 \end{array}$$

を使うと、おもしろいことに結果はまったく異なる。このそれぞれの行をさいころの目に使うと、AはBに6/9の確率で勝ち、BはCに6/9の確率で勝ち、CはAに5/9の確率で勝つ。そして、それぞれの列をさいころの目に使うと、AはBに5/9の確率で勝ち、BはCに5/9の確率で勝ち、CはAに5/9の確率で勝つ。

トレパルによる最良の結果は、できるだけ小さい数を使うもので、6/9, 6/9, 5/9の確率でそれぞれのさいころが勝つ。それは、A:(1,4,4), B:(3,3,3), C:(2,2,5)という組合せである。シカゴ大学のザルマン・ウシスキンは、自然と思いつく問題に答えた。それは、勝つ確率を5/9より大きくできるか、である。より正確には、非推移的な3個の「偏り」のある6面さいころがあるとき、三つの対において、いずれも一方が他方に少なくとも p の確率で勝つような最大の確率 p は何か。ここで、「偏り」というのは、六つの面が等確率で出る必要はないという意味である。この答えには、よく知られた数である黄金分割

$$\phi = \frac{1+\sqrt{5}}{2}$$

が現れる。

A: $\phi - 1$ の確率で4の目が、$2 - \phi$ の確率で1の目が出る。
B: 常に3の目が出る。

C: $\phi-1$ の確率で 2 の目が，$2-\phi$ の確率で 5 の目が出る．

すると，A は B に，B は C に，C は A に，それぞれ $\phi-1$，すなわち約 0.618 の確率で勝つ．これは，$5/9 = 0.555$ よりもかなり大きく，取りうる最大値である．

偏りのあるさいころは，面数の多い公平なさいころにそれぞれの目を適切な数だけ配置することで，かなり正確に近似することができる．正 20 面体を使えば，次のようにして $16/25 = 0.64$ の値を達成することができる．

A: 12 面に 4 の目を，8 面に 1 の目を配置する．
B: 20 面すべてに 3 の目を配置する．
C: 12 面に 2 の目を，8 面に 5 の目を配置する．

解答

二つのさいころで，目の合計として 1 から 12 までの数が等しい確率で出るようにするには，一方のさいころには 1，2，3，4，5，6 の目を，もう一方のさいころには 0，0，0，6，6，6 の目を割り当てればよい．

ウェブサイト

さいころ全般：

http://en.wikipedia.org/wiki/Dice

http://ja.wikipedia.org/wiki/サイコロ

http://mathworld.wolfram.com/Dice.html

非推移的さいころ：

http://en.wikipedia.org/wiki/Nontransitive_dice

さいころの歴史：

http://hometown.aol.com/dicetalk/polymor2.htm

いかさまさいころ：

http://homepage.ntlworld.com/dice-play/

2
多角的に私生活を守る

　数学におけるもっとも難しい問題のいくつかは，日常生活から生まれたものだ．塀を立てるという単純な行為がまだ誰も解くことができない問題へつながるとは，想像できるだろうか．

数学の中でもっとも魅力的な分野の一つである組合せ幾何学には，単純だが現在も未解決の問題が山のようにある．これらの問題の意図するところは，できるかぎり効率的なやり方である目的を達成するための直線や曲線やそのほかの幾何学的形状の配置を見つけることである．たとえば，「母さん芋虫の毛布」問題[原註1]は，単位長の曲線がどのように配置されていたとしてもそれを覆うことのできる最小面積の形状を問うものである．数多くの解の候補となる形状が提案されてきたが，どの形状も最小面積であるとは証明されておらず，この問題には解が存在しないという可能性さえある．娯楽数学愛好家は，このような問題でたっぷりと楽しむことができる．なぜなら，実験と創意工夫の余地が十分にあるからだ．ある特定の形状が最良だと証明することができなかったとしても，これまでに知られている形状に対する改良を発見できることもしばしばある．

　この章では，「正方形の遮光塀」というよく知られた問題と，数々の興味深い変種に焦点を当てる．これはケルン大学のベルント・カヴォールが教えてくれた問題で，この章の考察は彼が私に送ってくれた記事に基づいている．今，正方形の土地区画を所有しているとして，問題を簡単にするために，その一辺の長さを単位長とする．人目をはばかりたいなどといったそれなりの事情によって，この土地に塀を建てて，この土地を横切る視線をすべて遮りたい．さらに，そのような視線をすべて遮るという条件のもとで，塀の長さを可能な限り節約して短くしたい．さて，どのように塀を配置すればよいだろうか．

　塀は，どれだけ複雑でもよく，いくつもの部品がどのようにつながっていようと構わない．また，塀の一部は曲がっていてもまっすぐでもよい．実際には，「長さ」の概念のある種の一般化が意味をもつのであれば，どんな形状でもよい．

　おそらく，もっともわかりやすい解は，この土地の全外周を取り囲む塀を建てることだろう．その全長は4になる（図2.1a）．少し考えれば，これを改良することができる．一辺を取り除いて，角が直角のU字形を作るのだ（図2.1b）．これで，全長を3に減らすことができた．実際には，塀が単一の折れ線または曲線でなければならないという前提を追加したならば，これが最短の塀である．

[原註1] *Game, Set and Math* 第1章を参照のこと．

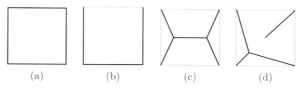

図 2.1　正方形に対する遮光塀

　それはなぜか．正方形の土地を横切るすべての視線を遮るためには，どんな塀も 4 つの頂点すべてを含まなければならない．（そうでなければ，その頂点を通る視線を遮ることができない．）そして，4 つの頂点すべてを含む単一の曲線で最短なのは，正方形の 3 辺をつなぎ合わせたものだからだ．

　しかしながら，図 2.1c のような，もう少し複雑な塀で長さが $1+\sqrt{3}=2.732$ のものがある．この配置の直線どうしの交わる角度はどれも 120 度である．この種の連結な塀の配置はシュタイナー木と呼ばれ，120 度で交わるときに木の全長が最短となることが以前より知られている[原註 2]．これが連結な塀の中で最短であるが，それでもなお，終わりにはならない．塀がいくつかの非連結な部分に分かれてもよいのなら，図 2.1d のように全長を 2.639 にまで減らすことができる．この配置の左下の部分で 3 本の直線は互いに 120 度で交わっている．この最後のやり方が，最短の遮光塀だと広く信じられているが，それを証明した者はまだいない．

　実際には，最短の遮光塀が存在することさえ証明されていない．この存在を証明する上で主に問題となるのは，塀をどんどん複雑にしていくと長さが短くなり続けるかもしれないということだ．ヴァンス・フェイバーとジャン・ミシエルスキーは，与えられた数の連結成分をもつ最短の遮光塀が存在することを証明した．わかっていないのは，連結成分の数が増えるにともなって最短の長さは限りなく小さくなりつづけるのかどうか，あるいは，無限個の連結成分をもつ塀は，有限個の連結成分をもつどんな塀をもしのぐのかどうかだ．このどちらのことも起こりそうにはないように思えるが，いずれの可能性も排除できてはいない．

[原註 2] *How to Cut a Cake* 第 12 章を参照のこと．

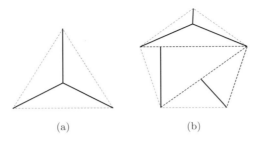

図 2.2　正三角形および正五角形に対する遮光塀

　カヴォールは，二つの連結成分をもつ塀のうちで図 2.1d が最短であることの見事な証明を与えた．まず，一方の連結成分は正方形の三つの頂点を，もう一方の連結成分が残りの一つの頂点を含まなければならないことを示した．そして，前者は三つの頂点を結ぶ最短シュタイナー木でなければならず，それは図の左下部分の形状であることが知られている．この形状の凸包，すなわち，それを含む最小の凸領域は，正方形を対角線で二分してえられる三角形である．もう一つの連結成分は，この三角形と四つめの頂点を結ぶ最短の線でなければならず，あきらかにそれはその頂点と正方形の中心を結ぶ対角線である．

　正方形以外の図形についてはどうだろうか．正三角形の区画の場合は，最短の遮光塀は三つの頂点それぞれと正三角形の中心を直線で結ぶシュタイナー木になる（図 2.2a）．正五角形の区画の場合は，知られている最短の遮光塀は，図 2.2b のような三つの部分からなる．一つめの部分は，正五角形の隣り合う三つの頂点を結ぶシュタイナー木である．二つめの部分は，この三つの頂点の凸包と四つめの頂点を結ぶ直線となる．三つめの部分は，ここまでの四つの頂点の凸包と，最後の頂点を結ぶ直線となる．この場合も，この塀が最短長であることは証明されていないが，これよりも短い遮光塀も見つかっていない．

　正六角形の区画の場合も，知られている最短の塀は正五角形と同様であるが，正六角形の頂点の角度は 120 度なので，そのシュタイナー木は正六角形の隣り合う頂点を結ぶものになる．実際，このシュタイナー木は，四つの隣り合う頂点を結ぶ，隣り合った 3 辺で構成されている．塀の二つめの連結成分は，この四つの頂点の凸包と五つめの頂点を結ぶ最短の直線で，三つめの連結成分は，

2 多角的に私生活を守る　19

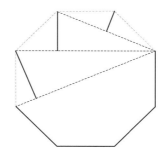

図 2.3　偶数辺の正多角形に対する予想される最短の遮光塀

六つめの頂点と残りの五つの頂点の凸包を結ぶ最短の直線である．

この塀が最短であることも証明されてはいないが，この構成方法は偶数辺のすべての正多角形に対して最短と予想される塀に拡張できる（図 2.3）．まず，ちょうど反対の位置にある二つの頂点を結ぶ直径によって正多角形を二分する．塀の一つめの連結成分は，この二分された一方に含まれて，ちょうど多角形の半周をなすすべての辺によって構成される．二つめの連結成分は，一つめの連結成分の凸包とそれに隣接する頂点を結ぶ最短の直線であり，三つめの連結成分は，最初の二つの連結成分の凸包とそれに隣接する頂点を結ぶ最短の直線，というように続く．

辺の数が多い正多角形はかなり円に近く，円に対する最短の遮光塀を考えることもできる．大きさを決めるのに，円の半径が単位長であると仮定しよう．すぐに思いつくもっとも単純な塀は円の外周で，その長さは $2\pi = 6.283$ になる（図 2.4a）．しかしながら，区画の外側にまで塀を建てることを許すならば，もう少し短くすることができる．円周の半分を取り除いて長さ π の半円周にし，その半円周の両端にそれぞれ接するように長さ 1 の直線を加えて U 字形にする（図 2.4b）．これが円に対する遮光塀になり，この長さは $\pi + 2 = 5.142$ である．

塀が単一の曲線で，枝分かれもなく，二つ以上の部分に分かれていないことを要求するのならば，図 2.4b が最短の塀であることを証明できる．この「遮

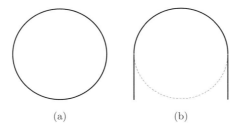

図 2.4 円に対する遮光塀：(a) 半径 1 の円そのものだと長さは 2π になる．(b) それよりも短い，長さ $\pi+2$ の塀

光」の性質は，別の言い方で述べることもできる[原註 3]．まっすぐな配管か電話線がある特定の地点から単位距離以内を必ず横切っていることがわかっているとしよう．その配管が必ず見つかることが保証される最短の溝はどのような形状だろうか．配管は，その地点を中心とする単位半径の円を横切るので，その円の遮光塀に必ずぶつかるということはわかる．したがって，遮光塀の形に溝を掘ればよいのだ．

最短の溝を掘る問題では，溝が円の外側にまで延びることを許すのは自然である．しかし，通常，塀は自分の土地の中に建てて，隣人の土地には建てない．カヴォールは，単位半径の円の中に完全に収まる最短の遮光塀は $\pi+2$ よりも長くならないことを示した．十分に単位円を近似できるほど辺数の多い偶数辺の正多角形に対して最短と予想される塀を考えることで，それを示したのだ．三角関数による計算によって，図 2.3 に示したような塀の長さは，正多角形の辺数が増えていくと，どんどん $\pi+2$ に近づく．そして $\pi+2$ との差は，辺数を十分に大きくすれば，いくらでも小さくできるのだ．

ここには数学愛好家の研究対象がたくさんある．最短と予想される塀が本当に最短なのか，それとも，さらにそれを短くする方法があるのか．最短と予想される解について何か証明できるだろうか．任意の多角形（凸なものやそうでないもの），楕円，半円などの形状ではどうなのか．そして，立方体や球に対する遮光塀といった，3 次元での同様の問題を考えることもできる．この場合に

[原註 3] *Math Hysteria* 第 6 章を参照のこと．

目指すところは，その塀の総面積を最小にすることだ．

補遺

1990 年にマーチン・ガードナーは立方体と球に対する遮光塀の問題を出題し，1992 年にサスケハナ大学のケネス・A・ブラッケがこの問題に取り組んだ．（下記のウェブサイトおよび巻末の参考文献を参照のこと．）ブラッケによる単位立方体に対する最良の結果は，面積 4.2324 である．

ウェブサイト

立方体の遮光塀：
`http://www.susqu.edu/brakke/opaque/default.html`

3
つないで勝とう

　ある種の数学的ゲームは真に数学的であり，その実例としてヘックスに勝るものはない．ゲームは，蜂の巣状の盤に自分の駒を置いて，対辺をつなぐだけである．いかにも簡単そうに見えるが，この話題だけで本が一冊書けるくらいだ．

デンマークの詩人でもあり数学者でもある人とノーベル賞受賞者に共通するものは？ それは，これまでに発明された盤上で対戦する数学的ゲームのうちでもっともすばらしいものの一つである．今日，それはヘックスと呼ばれているが，初期にはさまざまな名前で呼ばれていた．キャメロン・ブラウンの *Hex Strategy* で，わかりやすいヘックスの概要と，どうすれば勝てるかを見ることができる．ヘックスは，最先端のコンピュータ・ゲームと同じくらい癖になりやすく，それよりもはるかにあなたの脳みそを刺激する．

　ヘックスは，六角形のマスが菱形状に配置された盤で二人が対戦するゲームである（図3.1）．標準的な盤の大きさは 11×11 であるが，そのほかの大きさでも十分にゲームとして楽しむことができる．二人のプレーヤーは，それぞれ盤の相対する辺を「所有」し，それらは四つの頂点にあるマスでつながっている．一方のプレーヤーは十分な数の黒い駒をもち，もう一方のプレーヤーは十分な数の白い駒をもつ．これは，碁石を使ってもよい．

　ゲームの規則は，驚くほど単純である．プレーヤーは，交互に自分の駒をひとつ，盤上のまだ駒が置かれていないマスに置く．どちらが先手となるかは，硬貨を投げるか，または，なんらかの合意が得られるやり方で決める．自分が所有する二つの辺をつなぐ自分の駒の連鎖を作ったプレーヤーの勝ちである．駒の連鎖には，余計な駒がついていても，枝分かれがあっても，輪になっていてもよく，全体として連結である必要もない．重要なのは，自分の駒の一連の並びによって，一方の辺とそれと相対する辺をつなぐことだ．単純に見えるが，

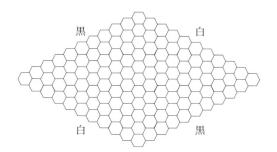

図 3.1　ヘックスの盤

この単純さを見くびってはいけない．ヘックスは，極度の緻密さが要求されるゲームなのだ．

ヘックスは，デンマークの数学者で，「グルーク」と呼ばれる短い詩や数々の風変わりな発明で有名なピート・ハインによって考案された．ハインはこのゲームをポリゴンと呼び，初めて公表されたのは1942年12月26日のデンマークの新聞ポリティケン紙上である．これとは独立に，数学者ジョン・ナッシュは，プリンストン大学の大学院生だった1948年にこのゲームを再発明した．1969年にナッシュは，ノーベル経済学賞，正確には，アルフレッド・ノーベル記念経済学スウェーデン国立銀行賞を受賞した．受賞理由はゲーム理論における「ナッシュ均衡」の概念を考案したことで，彼の生涯は伝記 *A Beautiful Mind* に華々しく語られている．この伝記は，2001年にラッセル・クロウがナッシュを演じる映画になり，アカデミー賞4部門を受賞した．プリンストン大学では，このゲームはナッシュという名で知られているが，洗面所の六角形のタイルを使って対戦されることからジョンと呼ばれることもある[原註1]．

1950年代中頃にマーチン・ガードナーは，彼が連載していた数学ゲームでヘックスを紹介した．この記事は *Mathematical Puzzles and Diversions* に収録されている．ヘックスは，一夜にして，事実上世界中のありとあらゆる数学科で大流行となった．たとえば，1968年に私が大学院生としてワーウィック大学に初めて通ったとき，私たちの仲間で *Manifold* という雑誌を発行し始めた．その第1号の表紙と裏表紙には，（それぞれ半分ずつ）ヘックスの盤が描かれていて，ヘックスに関する記事も載っていた．しかし，マーチン・ガードナーが *Scientific American* の読者にヘックスを紹介してから40年以上たったので，新しい世代にこのゲームを紹介するにはちょうどよい頃合いだろう．

いくつかの簡単な数学的分析をすることで，このゲームを理解しやすくなる．まず，一度置いた駒は取り除くことができないので，ゲームは有限回の手数で終了する．11×11 の盤では，たかだか121手である．一方のプレーヤーの辺と辺を結ぶ連鎖は，必然的にもう一方のプレーヤーの辺と辺を結ぶ連鎖を妨害する．このことから，どちらかのプレーヤーがいずれは勝つことが直感的にわ

[原註1] 米国では，トイレを口語で「ジョン」と呼ぶ．

かる．(しかし，それを証明するのは，思ったほど簡単ではない．) 基本的な考え方は，たとえば黒が勝つための連鎖を作るのを阻まれたのであれば，それより先に白がそのような連鎖を作っているというものだ．

盤が黒と白の駒で埋め尽くされていれば，どちらかの色の連鎖によって相対する辺が結ばれていなければならないという「自明」な事実を証明するのは，挑戦しがいのある問題だ．両方の色が同時にこうはならないことは明らかである．なぜなら，そうだとすると黒と白のそれぞれの連鎖は交叉しなければならないからだ．たとえば，黒駒が相対する辺を結んでいないならば，白駒の連鎖が邪魔をしているからそうなっているのだというのは，もっともらしい．しかしながら，完全な証明は，自明というにはほど遠い．議論の便宜上，黒駒の配置が黒の２辺を結ぶ連鎖を含まないと仮定しよう．ここで，黒駒が作る領域の一方の連結成分，すなわち，一方の黒の辺に（ほかの黒駒を介してでも）つながる黒駒全体を考える．この領域の「境界線」を調べると，それはすべて白駒と隣接している．この白駒の集合は，あきらかに二つの白の辺を結んでいなければならないが，…．

また別のやり方として，一方のプレーヤーには必勝戦略がなければならないことが証明できる．すると，そこから前述の主張を簡単に導くことができる．実際，適切な手を打ちつづければ先手が常に勝つことを証明できる．この証明は，ナッシュにより見つけられたもので，「戦略拝借」と呼ばれる一般的な技法を使う．議論の便宜上，白が先手で，後手の黒に必勝戦略があると仮定しよう．そうすると，白は，ありったけの知恵を絞ってその必勝戦略を解明し，この後手必勝と考えられる戦略を使って，次のようにして黒に勝つことができる．白は，まず好きなところに駒を置き，いったんはその駒のことを忘れる．そして，黒が先手でゲームを始めて，白は先手ではなくあたかも後手であるかのように振る舞う．黒がどのような手を打ったとしても，白は後手の必勝戦略に従って正しく応手すればよい．ただし，わずかばかりこの戦略を修正する必要がある．場合によっては，白がこの戦略に従って駒を置こうとしたマスにすでに一手目に打って「忘れて」いた駒が置かれていることがある．この場合も，何の問題もない．駒を置こうとした場所にはすでに白駒があるのだから，必勝戦略はもう遂行されている．それゆえ，白はまだ駒の置かれていない任意のマスに駒を

置き，今度はそれを新たに「忘れ」ればよいのだ．

　これを続ければ，白は勝つことができる．しかし，そうすると，後手必勝と考えられる戦略をこのように拝借することで，黒がどのような手を打ったとしても先手の白が勝つという，奇妙な状況に陥っていることになる．この論理的な袋小路から脱出するには，後手に必勝戦略は存在しないと考えるしかない．このゲームは有限回の手数で終わり，どちらかのプレーヤーが必ず勝つのだから，先手に必勝戦略がなければならないことになる．

　後手は先手の必勝戦略を拝借できないということに注意しよう．また，チェスのようなゲームでは戦略拝借は使えないことも理解しておいてほしい．なぜなら，この戦略に従って後で打つ必要のある手を先に打っておくことはできないからだ．これらのことを納得できたならば，この証明を理解できているということだ．

　一見，この結果はこのゲームを無意味なものにしてしまっているように見える．なぜなら，双方のプレーヤーが完璧な手を打てば，どちらが勝つことになるかわかっているからだ．しかしながら，同様の問題はほかの多くのゲームでも起こる．もっとも顕著な例はチェッカーである（英国ではドラフツと呼ばれている）．チェッカーは，双方のプレーヤーが完璧な手を打てば引き分けになることが知られている．この計算機を援用した証明はジョナサン・シェーファーによって計画され，まとめあげられたのだが，18年を費やした．ここで主として問題となるのは，膨大な数の配置と潜在的な手筋である．引き分けになるとわかっていても，分別のあるおとながチェッカーを楽しんで対戦しているのは，完璧な必勝戦略は人間が自力で遂行するには複雑すぎるからだ．ヘックスで常に先手が勝つことの証明は，さらにとらえどころがない．先手に必勝戦略が存在することだけは証明されているが，その証明がどれほど複雑であろうとも，具体的な必勝戦略については何も教えてくれない．実際，具体的な必勝戦略がわかっている最大の盤は 9×9 で，マニトバ大学のジン・ヤンによって発見されたものだ（章末のウェブサイトを参照のこと）．したがって，10×10 の盤でさえ，原理的には先手が勝てるとわかっていても，勝つためにどの手を打てばよいかは皆目見当がつかないのだ．それでも後手が不利に思えるならば，次のような規則を追加で許すことが多い．先手が初手を置いた後に，後手はそれに

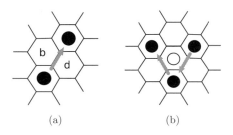

図 3.2 (a) 橋，(b) 役に立たない橋

応手する代わりに先手と後手を交代することを選択できるのである．

　ヘックスの緻密さを十分に考察するには，本一冊がまるごと必要になる．したがって，ここではゲームの緻密さがわかるような二つの特徴だけに焦点を当てる．まず，ゲームを始めるとすぐに誰もがわかるようになることだが，駒が置かれていないマスでも戦略的な役割を果たすことがある．図 3.2a に示した「橋」では，黒駒が置かれた二つの隣接しないマスは，その両方に隣接する二つのマスを共有している．この駒の置かれていない二つのマスの両方に白駒が置かれないかぎりは，黒駒が置かれた二つのマスは実質的につながっている．なぜなら，駒の置かれていない二つのマスの一方に白駒が置かれたならば，すぐにもう一方のマスに黒駒を置けばよいからだ．通常，初心者の域を脱した程度のプレーヤーは，相手に気づかれないことを期待して橋の連鎖を作ろうとする．しかしながら，橋がけっして無敵というわけではない．白が，どこか別のところで勝つための手だと脅かしつつ橋の間のマスの一つに駒を置こうとすれば，黒の橋を打破することができる．しかしながら，通常このようなことは簡単にはできないので，相手にあまり多くの橋を作られるのは避けたほうがよい．

　全体的な駒の配置はそのもっともつながりが弱い部分と同程度の強さだという一般的な原則は役に立つ．あなたが作り始めたうまくいきそうな連鎖のある部分を相手が攻撃してきたら，あなたはそのもっともつながりの弱い部分を補強するか，同じように相手を攻撃したほうがよい．しかしながら，すべての状況で必ずしも無条件にこうすればよいというものではない．なぜなら，そうすることに相手が気づいているならば，巧妙な罠を仕掛けているかもしれないか

らだ．

　また，相手の弱い部分には少し離れたところからこっそりと近づくというのも，役に立つ原則である．相手のつながりの弱い部分の真ん中に反撃の一手を打つのではなく，たとえば，頭の中で緻密に橋の連鎖を計算して，その連鎖を作るような手を打つ．ちなみに，橋の連鎖を作るときは，二つの橋それぞれの中央のマスが重ならないように気をつけなければならない（図 3.2b）．なぜなら，こうなっていると，相手はその重なったマスに駒を置くことで両方の橋を同時に攻撃できてしまうからである．そうなると，あなたは一方の橋だけしか守ることができないのだ．

　橋よりも格段に上級な戦術として「梯子」がある．これは，さらに巧妙な勝機と悩みの種を生じさせる．梯子は，一方のプレーヤーがある辺につなごうとしたときに，相手がその辺から一定の距離を保つように妨害する際に生じる．このとき，双方のプレーヤーは，互いに平行な，長く続く駒の連鎖を強いられる．図 3.3a は，梯子が始まる状況を示していて，次は黒の手番である．黒はマス p に駒を置く以外の選択肢はない．なぜなら，そうしないと負けてしまうからだ．同様にして，白もマス q に駒を置くしかない．黒がどうしてもこの辺につなごうとする（そして，そうしなければ負ける）と，白はそれを妨げつづけ，その辺に沿って白駒の長い列は伸びつづけ，その隣に黒駒の長い列ができる．しかしながら，この応手が続けば白が勝つ（図 3.3b）ということに黒は気づかなければならない．梯子の発生を見込んで，それが始まる前に相手の梯子を妨害することが重要である．黒は，図 3.3c のように白の辺の近くにあらかじめ駒を置いておけば，梯子の応酬に勝つことができるだろう．

　Hex Strategy では，こういった事項だけでなく，さまざまなことに関してかなり深いところまで掘り下げている．また，標準的なヘックスのいくつかの変形についても論じている．たとえば，Y というゲームは図 3.4 のような三角形状の盤で対戦し，三つの辺すべてにつながる連鎖を作ったプレーヤーの勝ちとなる．このゲームでも，戦略拝借を用いる証明は有効であり，先手に必勝戦略がなければならない．しかし，ここでも，非常に小さな盤を除いては，具体的な先手の必勝戦略は知られていない．ヘックスは，アメリカ合衆国の地図を使って対戦することもできる．この場合，それぞれの州がマスになり，南北または

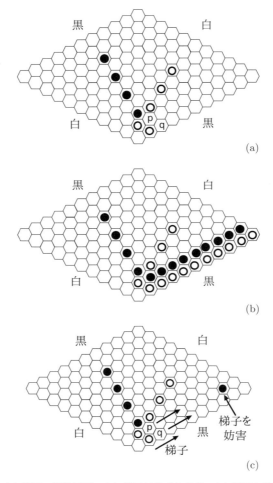

図 3.3 (a) 梯子の開始局面，(b) 梯子が伸びた状態，(c) 梯子を妨害する駒

東西の辺を結びつけるゲームになる．このゲームでは，先手がカリフォルニア州に着手すると勝つことができる．この後，実際にどのように応手が進むかを確認してみるとよい．ヘックスは，球面に五角形や六角形を敷き詰めた盤で対戦することもできる．この場合には辺がないので，一つ以上の（まだ駒が置か

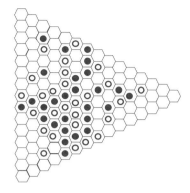

図 3.4 ゲーム Y の局面

れていないか，相手の駒が置かれている）マスを取り囲んだプレーヤーの勝ちとする．

ウェブサイト

ヘックス全般：

    http://en.wikipedia.org/wiki/Hex_(board_game)

    http://ja.wikipedia.org/wiki/ヘックス_(ボードゲーム)

    http://www.swarthmore.edu/NatSci/math_stat/webspot/
      Campbell,Garikai/Hex/index.html

7×7, 8×8, 9×9 の盤の必勝戦略：

    http://www.ee.umanitoba.ca/~jingyang/

チェッカーやその他のゲームの完璧な対戦：

    http://en.wikipedia.org/wiki/Perfect_play#Perfect_play

4
跳躍チャンピオン

　素数は世界中の数学者を悩ませつづける．隣り合う素数の間隔でもっとも多く現れるのは 6 だと考えられていて，たしかに 1 兆程度まではそれが成り立っている．この膨大な量の「実験的」事実は，どれだけ大きいところまで調べても常に 6 がもっとも多い間隔だという結論を正当化してくれるのか．

数学は，驚きに満ちている．たとえば，$1, 2, 3, 4, \ldots$ という自然数ほど単純なものにほんの少し手を加えるだけで，$2, 3, 5, 7, 11, \ldots$ という素数ほど悩ましいものを生み出すということが想像できるだろうか．自然数の規則性は単純で明白である．どの数をとっても，その次の数は簡単にわかる．しかし，素数については，そうはいかない．自然数から素数を得るには，単に自明でない約数をもたないものだけを選んだだけなのに．

　素数については，かなりのことがわかっている．正確な答えがすぐに手に入らないとしても，いくつかの強力な近似公式によってうまく見積もることができる．たとえば，1896 年にジャック・アダマールとチャールズジーン・ド・ラ・ヴァレー・プーサンによって（独立に）証明された素数定理は，x よりも小さい素数の個数は $\frac{x}{\log x}$ で近似できるというものだ．ここで，log は，(e を底とする) 自然対数である．したがって，例えば 100 桁未満の素数はおおよそ 4.3×10^{97} 個あることがわかる．しかし，その正確な個数はまったく未解明である．

　素数については，わかっていないことがまだまだある．10 年前，アンドリュー・オドリツコ（AT&T），マイケル・ルビンシュタイン（テキサス大学），マレク・ウォルフ（ヴロツワフ大学）は隣り合う素数の間隔について興味をもった．彼らが検討した問題というのは，ある上限 x までの間で，隣り合う素数の間隔でもっとも多い値はいくつかというものだ．この問題は，ハリー・L・ネルソンが娯楽数学ジャーナルに投稿した．後に，ジョン・ホートン・コンウェイ（プリンストン大学）は，その一連の数を跳躍チャンピオンと名づけた．

　50 以下の素数は，2, 3, 5, 7, 11, 13, 17, 19, 23, 29, 31, 37, 41, 43, 47 である．これらの間隔，すなわちそれぞれの素数とその次の素数の差は，1, 2, 2, 4, 2, 4, 2, 4, 6, 2, 6, 4, 2, 4 となっている．間隔として 1 は 1 回現れ（そして現れるのは 1 回だけである．なぜなら 2 を除くすべての素数は奇数だからだ．），あとはすべて偶数である．間隔として，2 は 6 回，4 は 4 回，6 は 2 回現れる．したがって，$x = 50$ の場合は，もっとも多く現れる間隔は 2 で，これが跳躍チャンピオンになる．

　ときには，いくつかの間隔が同程度に多く現れる．たとえば，$x = 5$ では，間隔として 1 と 2 はどちらも 1 回ずつ現れる．その後，$x = 101$ になるまでは，2 が単独の跳躍チャンピオンだが，$x = 101$ で 2 と 4 が同数になり，チャンピ

オンの座を分ける．そして，$x = 179$ になるまでは，2 と 4 のいずれかがチャンピオンであるが，$x = 179$ では，2, 4, 6 の三者同点となる．この後，4 と 6 の挑戦は次第に衰えて，$x = 379$ までは 2 が王者として君臨し続け，ここで 6 が同数で並ぶ．$x = 389$ からは，ほとんど 6 がチャンピオンで，ときおり 2 か 4 が同点となるが，$x = 491$ から 541 の間は 4 が王者に返り咲く．$x = 947$ 以降は 6 が単独王者で，計算機による探索では，それが少なくとも $x = 10^{12}$ まで続く．

始めのほうの 1, 2, 4 の争いを除くと，長期に渡る跳躍チャンピオンは 6 だけだという結論はもっともらしく思える．計算機による証拠もそれを強力に支持しているようだ．今は廃刊となってしまった雑誌「実験数学」は，まさにこのような問題のためにあり，計算機の支援によって得られた証明されていない予想を発表する研究者のために存在した事実上唯一の数学誌であった．これは，数学に証明が不要となってきていることを示しているわけではない．なぜなら，掲載されている記事には，証明はないと明確に述べられているからである．もちろん，この数学誌の狙いは，興味深い問題を数学者に提示して，これまでどおりの厳密な論理を使って答えてもらうことにある．

すべての数論研究者はこれが証拠だと知っているし，もちろん，これは証拠にちがいない．しかし，1兆やそこらまでの数に対して成り立っている規則性が，もっと大きな数に対しては変わる可能性もある．この問題はその適例かもしれない．なぜなら，オドリツコらは，$x = 1.7427 \times 10^{35}$ あたりで跳躍チャンピオンが 6 から 30 に変わるという説得力のある根拠を示した．また，彼らは，$x = 10^{425}$ 付近で今度は 210 に変わるとも述べている．これらの予想は，それほど厳密ではないが細心の理論的分析と慎重に選ばれたいくつかの数値実験により裏付けられている．

4 を除くと，予想される跳躍チャンピオンには，ある見事な規則性がある．それらを素因数分解するとその規則性は明白である．

$$2 = 2$$
$$6 = 2 \times 3$$
$$30 = 2 \times 3 \times 5$$

$$210 = 2 \times 3 \times 5 \times 7$$

それぞれの数は，ある上限までの連続する素数をすべて掛け合わせたものになっている．このような数は，（素数だけによる階乗という意味で）素数階乗と呼ばれ，この後は次のように続く．

$$2310 = 2 \times 3 \times 5 \times 7 \times 11$$
$$30030 = 2 \times 3 \times 5 \times 7 \times 11 \times 13$$
$$510510 = 2 \times 3 \times 5 \times 7 \times 11 \times 13 \times 17$$
$$11741730 = 2 \times 3 \times 5 \times 7 \times 11 \times 13 \times 17 \times 23$$

オドリツコらによる中心となる結論は跳躍チャンピオン予想である．これは，跳躍チャンピオンは 4 を除けばどれも素数階乗になる，という予想だ．この根拠となっているのは，ハーディ-リトルウッドの k 組素数予想として知られている別の予想である．k 組素数予想は，1922 年にゴッドフレイ・ハロルド・ハーディとジョン・エデンサー・リトルウッドによって発表された，素数の間隔の規則性に関する予想だ．

　誰でも素数の列をながめれば，5 と 7，11 と 13，17 と 19 のように，しばしば連続する奇数がともに素数であることに気づくだろう．双子素数予想というのは，このような素数の組が無限にあるというものだ．非常に大きなところまで，双子素数があることが確かめられている．2009 年現在で，知られている最大の双子素数は

$$65,516,468,355 \times 2^{333,333} \pm 1$$

で，どちらも 100,355 桁になる[訳註 1]．（余談になるが，双子素数を十進法で表すと同じ桁数になることを証明せよ．これが自明であれば，次の問題を考えてみよ．十進法を n 進法に置き換えたとき，この主張が成り立たない n は何か．）さらに，確率論的な計算によって，双子素数予想は正しいことが強く示唆され

[訳註 1] 2011 年 12 月には，PrimeGrid プロジェクトにより $3,756,801,695,685 \times 2^{666,669} \pm 1$ が発見された．

ている．これは，素数は素数定理に基づく確率で奇数の中に「無作為」に生じるという発想に基づいている．もちろん，これは無茶な主張である．数が素数かどうかは，確率で決まるのではない．しかし，この種の問題においては，説得力のある無茶な主張だ．この計算によれば，双子素数が有限組しかない確率はゼロである．

それでは，連続する三つの奇数は素数になるだろうか．その一例として3, 5, 7がある．そして，これが唯一の例である．なぜなら，どのような連続する三つの奇数が与えられたとしても，そのうちの一つは3の倍数になるからだ．（したがって，それが3に等しくないならば素数ではないので，3, 5, 7だけが唯一の例となる．）しかしながら，この論拠では，p, $p+2$, $p+6$ や p, $p+4$, $p+6$ がすべて素数にならないとは言いきれない．そして，かなり頻繁に素数となるように思われる．たとえば，前者の例としては 11, 13, 17 や 41, 43, 47 があり，少し後には 881, 883, 887 が現れる．なぜ末尾の数字は常に 1, 3, 7 なのかを考えてみるとよい．後者の例としては 7, 11, 13 や 37, 41, 43 があり，少し後には 877, 881, 883 が現れる．こちらのほうは，末尾の数字が 7, 1, 3 になるという規則性がある．

ハーディとリトルウッドは，何個かの素数が並ぶこの種の規則性について考え，先に双子素数について述べたのと同じような確率論的な計算を行った．そして，与えられた間隔をもつ素数 k 個の並びが上限 x までにいくつあるかを表す正確な公式を導き出した．ここでその複雑な公式は紹介しないので，オドリツコらの論文やそこに示された参考文献を参照してほしい．

跳躍チャンピオン予想につながる解析は，ハーディ-リトルウッドの公式から始めて，上限 x までに隣り合う素数の間隔が $2d$ になる個数 $N(x,d)$ の公式を生み出した．ただし，2 と 3 の間を除けば間隔は偶数なので $2d$ を用いる．この公式は，$2d$ が大きく，x がさらに十分大きい場合にのみ有効と予想される．x が $2^{20}, 2^{22}, \ldots, 2^{44}$ それぞれの場合の，$2d$ に対する $\log N(x,d)$ の値を図 4.1 に示す．それぞれの場合のグラフは直線で近似できるが，ところどころに凹凸がある．とくに目立つ凹凸は $2d = 210$ の場所で，これは 6 の次に跳躍チャンピオンになると予想されている数である．（実際には，もっと際立った凹凸なのだが，対数をとることでなだらかに見える．）こういった情報は，この公式がそ

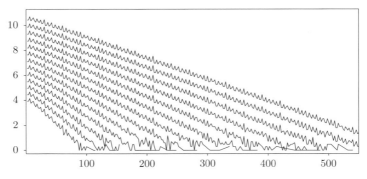

図 4.1 x のさまざまな値を上限とする，隣り合う素数の間隔が $2d$ となる回数の自然対数のグラフ．x の範囲は 2^{20}（左下）から 2^{44}（右上）まで．

れほど的外れでないことを示唆している．

　ここで，$2d$ が跳躍チャンピオンになろうとするのならば，この公式による値はかなり大きくなければならない．（また，これも書き下すことはしないが）この公式の正確な式によれば，$2d$ が多くの相異なる素因数をもつときに大きい値を得ることができる．また，$2d$ は，この条件に従うことを前提として，できるだけ小さいほうがよい．したがって，$2d$ を素数階乗とするのがもっとも妥当な選択である．（跳躍チャンピオンになるとわかっている 4 はおそらく例外で，この公式ではうまく近似できないような大きさなのだろう．）

　また，この予想に用いられた公式は，与えられた素数階乗がそれまでの跳躍チャンピオンをしのぐのはおおよそいつになるかを教えてくれる．二つの素数を $A = 2 \times 3 \times \cdots \times p$ と $B = 2 \times 3 \times \cdots \times p \times q$ としよう．ここで，p と q は隣り合う素数である．このとき，B が A をしのぐのは，おおよそ $x = e^{A(q-1)(q-2)}$ のあたりである．ただし，$e = 2.718\cdots$ は自然対数の底だ．この式を用いて，30 と 210 がそれぞれ跳躍チャンピオンになる x の値を予想したのである．この式は指数関数なので，x の値は急激に大きくなる．

　あと，残されていることはなんだろうか．もちろん，跳躍チャンピオン予想を証明，あるいは，それが正しくないならば反証することだ．これができないとしても，もう少し弱い結果，たとえば，相異なる跳躍チャンピオンが無限に

多くあることを証明するという手もある．1980 年にポール・エルデシュと E・G・シュトラウスは，ハーディ-リトルウッドの k 組素数予想の定量化版を仮定するだけで，これを証明した．残念ながら，双子素数予想を証明するのさえ恐ろしく大変だと思われるが，ハーディ-リトルウッドの k 組素数予想を完全に証明するのはほぼ確実にもっと難しい．娯楽数学愛好家にとってもう少し見込みのあるのは，素数の間隔に関するほかの興味深い性質を探すことである．たとえば，上限 x までの引き続く素数の間隔のうちで，もっとも頻度の少ないものは何だろうか．あるいは，頻度の平均にもっとも近い頻度の間隔，すなわちもっとも月並みな間隔は何だろうか．私の知る限り，比較的小さい x についても，これらの問題は未解決である．

解答

十進法で表したとき，双子素数が常に同じ桁数になるのはなぜか．これは自明のように思えるが，その証明には，ほかの数を基数とする場合にはうっかり見過ごしがちな落とし穴がある．双子素数を p と $p+2$ だとしよう．十進法で表したとき，$p+2$ は p よりも桁数が多いかもしれない．しかしながら，そうなるのは，$p=999\cdots98$ か $p=999\cdots99$ の場合だけだ．前者の場合は，p は偶数（で 8 以上）なので素数になりえない．後者の場合も，p は 9 の倍数であり，素数になりえない．この証明の最後の段階では，10 という数の特別な性質を使っている．そのほかの基数の場合は，証明は違う方向に進む．n 進法の場合には，p はある指数 k に対して n^k-2 か n^k-1 でなければならない．これは，双子素数の小さいほうの素数 p に対して，n^k は $p+2$ か $p+1$ のいずれかということだ．そうすると，次のようなことが起こりうる．たとえば，$p=3$ の場合，n^k は 4 か 5 になる．十進法の双子素数 3 と 5 は，四進法で 3 と 11 になり，これらは相異なる桁数をもつ．また，五進法でも，この双子素数は 3 と 10 にな

るので，相異なる桁数をもつ．

　もう少しがんばれば，さらに解析を進めることができる．$n^k = p+2$ ならば，n^k が素数であることから，$k=1$ で n は（$p+2$ に等しく）素数である．また，$n^k = p+1$ ならば，$p = n^k - 1 = (n-1)(n^{k-1}+n^{k-2}+\cdots+1)$ となる．p は素数なので，$k=1$ か $n=2$ となる．$k=1$ ならば，双子素数の小さいほうの素数 p に対して $n = p+1$ となる．$n=2$ で $k>1$ ならば，$2^k - 1$ と $2^k + 1$ はともに素数でなければならない．これが成り立つのは，$2^2 - 1 = 3$ で $2^2 + 1 = 5$ の場合だけである．（$2^k - 1$ が素数ならば，これはいわゆるメルセンヌ素数で，k 自身が素数でなければならないことはよく知られていて，証明するのもたやすい．$2^k + 1$ が素数ならば，これはいわゆるフェルマー素数で，k は 2 のべき乗でなければならないことはよく知られていて，証明するのもたやすい．しかし，2 のべき乗で素数となるのは 2 だけである．）これを整理すると次のようになる．n 進法で双子素数 p と $p+2$ が相異なる桁数をもつのは，双子素数の小さいほうの素数 p に対して $n = p+1$ か $n = p+2$ となるか，または $n=2$ で $p=3$ のとき，そしてそのときに限る．

補遺

　「跳躍チャンピオン」は雑誌連載時のほぼ最後の記事なので，ここで紹介できる読者からの反応はない．そこで，もはや素数が数学者を悩ますことはなくなった数少ない例の一つである，真に驚くべき発見について紹介しよう．それは，2005 年にベン・グリーンとテレンス・タオが証明したグリーン-タオの定理である．これは，この章で紹介した $p, p+2, p+6$ の例と似てはいるがまったくの異なる素数の規則性に関する定理である．その主たる結果は簡単に述べることができる．それは，任意の整数 k に対して，素数からなる k 項の等差数列（等差素数列）が無限に存在するというものだ．数列の隣り合う項の差が一定のものを等差数列という．数式で表すと，k 項の等差数列は次のように書ける．

$$a, a+d, a+2d, a+3d, \ldots, a+(k-1)d$$

ここで，d を公差，a を初項という．グリーン-タオの定理では，あらかじめ d を決めることはできず，証明の過程で構成される．長い間，数学者だけでなく，しばしば数学愛好家も，長い等差素数列を探してきた．3 項の等差素数列の例としては，$d = 2$ となる $3, 5, 7$ がある．また，7 項の見事な例として，$d = 150$ となる 7，157，307，457，607，757，907 がある．しかし，（2008 年 9 月現在に知られている）最長の 25 項の等差素数列は，計算機の本格的な支援を必要として，次のものを見つけることができた．

$$6171, 054, 912, 832, 631 + 366, 384 \times 23 \times n$$

ここで，$n = 0, 1, 2, \ldots, 24$ である．これは，2008 年にジャロスロー・ウロブリュースキーとラーナン・チェルモニが見つけたものだ[訳註 2]．グリーンとタオは，k に関して，どれほど大きい素数が必要となるかの上限も与えている．a^b を $a\verb|^|b$ と書くことにすると，その上限は

$$2\verb|^|2\verb|^|2\verb|^|2\verb|^|2\verb|^|2\verb|^|2\verb|^|2\verb|^|100k$$

になる．この式において，一連のべき乗演算 $\verb|^|$ は，右から左へと順に計算する．したがって，まず 2 の $100k$ 乗を計算し，次に 2 をそれだけ乗するというように計算する．この計算結果は気が遠くなるほど大きく，おそらくはかなり大きく評価しすぎだが，現時点でわかっていることはこれがすべてで，グリーンとタオがこれを成し遂げたことは驚嘆に値する．

ちなみに，素数からなる等差数列の項数はどれも有限で，素数が無限に続く等差数列はない．だが，そのすべてに当てはまるような上限は存在しないのだ．

このグリーン-タオの定理から，単一の公差 d を差の有限集合で置き換えて，その任意の組合せを許した「一般化等差数列」に拡張するのは比較的容易である．たとえば，二つの差 d_1 と d_2 から得られるすべての数

$a + k_1 d_1 + k_2 d_2$ を考える．ここで，k_1 と k_2 は，0 からある上限までの間を動くものとする．実際，このような数列は，どれももっと長い等差数列の一部分とみなすことができるので，それに対してグリーン-タオの定理を適用すればよいのだ．

この定理からは数え切れないほど多くの結果を導くことができる．ここでは，そのうちの一つだけ紹介しよう．素数だけから構成される，いくらでも大きい魔方陣の存在を示すことができる．（もちろん，それは連続する整数にはなりえない．また，連続する素数でさえない．）たとえば，4×4 の魔方陣の例は次のとおりである．

37	83	97	41
53	61	71	73
89	67	59	43
79	47	31	101

グリーン-タオの定理は，望むならたとえ 100 万あるいは 10 億という大きさの魔方陣でも（巨大な素数を使ってではあるが）同じように作れることを示している．より詳細な情報については，参考文献にあげたアンドリュー・グランヴィルの記事を参照されたい．

ウェブサイト

素数全般：

    `http://en.wikipedia.org/wiki/Prime_number`

    `http://ja.wikipedia.org/wiki/素数`

    `http://mathworld.wolfram.com/PrimeNumber.html`

    `http://primes.utm.edu/glossary/home.php`

素数の間隔：

    `http://en.wikipedia.org/wiki/Prime_gap`

跳躍チャンピオン：

　http://primes.utm.edu/glossary/page.php?sort=Jumping
　　Champion

グリーン-タオの定理：

　http://en.wikipedia.org/wiki/Green-Tao_theorem

　http://ja.wikipedia.org/wiki/グリーン・タオの定理

[訳註 2] 2010 年には 26 項の等差素数列が見つかっている．

5
四足動物と歩こう

　歩容（または歩様，歩法）と呼ばれる動物の移動の仕方は多岐にわたり，それらの多くには対称性がある．ここで，その理由を理解しよう．それらを突き詰めると，どれも動物の動きを制御する神経細胞のネットワークにおけるパターンになる．それをジェーンとターザンが説明する．

　　　　　"いずれの足か後先きになる"と
　　　　　　ひきがえるのたわむれに云うまでは
　　　　　百足（むかで）はいとも幸福なりき
　　　　　　その言葉に疑い深くきざしたれば
　　　　　百足は心をとりみだし
　　　　　　みぞに落ちたり走りかたもわきまえず[訳註 1]
　　　　　　　　　　　　　　　エドムンド・クラスター夫人

　ターザンは，同時に両脚を前方に蹴り上げて空中に跳ぶと，地面にドスンと尻もちをついた．ジェーンが気づいてからも，ターザンはこの一連の動作を 20 回以上も行っていたが，その表情からするともっと繰り返しているようであった．
　ターザンは頭が悪いわけじゃないわ，とジェーンは思った．ただ，頭を使うための訓練が必要なだけよ．もちろん，ジェーンはターザンに対して意欲的に教育しようとしていて，何週間もの間，ターザンは読書に耽っていた．
　おそらく，それが問題なのね．ジェーンは手近なつるをつかむと滑り降りた．
　ジェーンが近づくと，この「猿人」は顔をあげてこういった．「ああ，ジェーン」
　「いったい，何をしていたの」
　「ええと，キュリーの非対称原理を試していたんだ」
　「なんですって？」それはなんとも新手の言い訳だこと．
　「そうなんだ，でもうまくいかない」
　ジェーンはやさしくターザンの手をとると，木陰に連れて行った．「すこし気分が落ちついたら，詳しく話してちょうだい」
　説明には多少時間を要したが，ターザンのやろうとしていたのは比較的単純なことだった．ターザンは，軽い読み物としてジェーンがジャングルにもってきた本の中に，人間の身体は左右対称，すなわち，それを鏡に映したものとほとんど同じであるという一文を見つけた．ターザンは鏡を見たことがなかったが，波の立っていない池の水面は見たことがあったし，その本の絵からそれがどういうことかを理解した．また別の本には，高名な物理学者ピエール・キュ

[訳註 1] 邦訳は矢田義男訳『しゃぼん玉の科学』（槙書店，1959）による．

リーが提示した基本原理が書かれていた．それは，対称性からは同じように対称的な結果が生じるというものだ．

「つまり」とターザンは言った．「左右対称な猿，いや，すまない，そうじゃない，人間である自分が歩こうとしたら，キュリーの原理に従って，その足並みも左右対称になるはずだ．それは，両方の脚を同時に前に出さないといけないということだ．そこで，そうしてみようとしたんだが，うまくいきそうにない．ただ，尻もちをつくばかりで…」「でも」とジェーンは言った．「それはやり方を間違えてるわ」「左右対称の歩容にしたいのなら，跳ねないとだめよ．こんなふうに」ジェーンは，兎をまねて，両手を前足のように構えて，同時に両足で跳ねてみせた．ターザンは，その光景を興味深く眺めた．そして，十分元気になったところで，ターザンは歩容とは何かをたずねた．

「歩容というのは，移動のための規則的な手足の動かし方のことよ」とジェーンは説明した．「動物は，動き回るのに常歩，跳躍，駈歩，…といった，さまざまな歩容を使うの．ガゼルは，同時に 4 本の脚を動かすはね跳びもするわ」

「跳躍はまさにそうだね」とターザンは言った．「対称的な歩容が可能だというのはわかった．でも，私が読んだキュリーの原理は，人間の歩容，実際には，すべての左右対称な動物のすべての歩容は，左右対称でなければならいというものだった」ターザンは，考え込んだ様子で空き地を歩き回り，ときには立ち止まって苛立たしげに両手の拳で胸を叩いた．「しかし，そのほとんどは左右対称じゃない」

左右対称，すなわち，鏡に映したものと同じということ，とジェーンは考えた．彼女は，ターザンの歩く姿がそれを鏡に映したものと同じかどうか想像してみた（図 5.1）．それはたしかにもとの姿と同じように見えるが，まったく同じというわけではなかった．

「だいたいのところはね」とジェーンは言った．「歩いている歩容を鏡に映すと，それはもとの歩容と同じように見える」そこで，彼女は言葉を切って考え込んだ．「実際，そうでないとしたら，鏡に映った歩く姿は奇妙に見えてしまうはず．というのも，確かなことは言えないけど，鏡に映ったアルファベットの文字は奇妙に見えるもの」

「鏡に映ったものとの違いは」とターザンは言った．「右足を前に出したとき

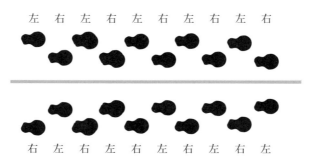

図 5.1 人の歩容では，左脚と右脚が交互に地面につく．それを鏡（灰色の直線）に映すと，左脚と右脚が入れ換わる．それは，元の歩容の時間を半周期だけ遅らせたものに等しい．

には，鏡に映った私は左足を前に出す．そう，それが正しいかどうかはわからないが，左足に見える．そして，その次は，左足を前に出すと，鏡に映った私は右足を前に出す．私と鏡に映った私は，常に逆の足を前に出しているんだ」

ターザンがきわめて聡明に思えるときもある．「逆の足じゃなくて，位相が逆なのよ」ジェーンは興奮して言った．「それが，鏡に映った姿が自然に見える理由よ．一歩を踏み出すために必要な時間だけ遅らせば，鏡に映った歩く姿の相対的な脚の位置（それは地面に対する位置ではない）は，元の姿とまったく同じに見えるわ」

「位相？」

「歩行だけでなく，すべての歩容も同じように，周期的動作よ．それは，ある一定の時間間隔をおいて繰り返される．同じ周期的動作のコピーが二つあり，一方がもう一方に比べて時間的な遅延があるならば，周期に対するその遅延の割合を相対位相というの．左脚は，右脚に対して周期のちょうど半分だけ位相がずれているから，相対位相は 0.5 になるの」

「とてもおもしろいわね」ジェーンは続けた．「歩容は，空間に関してだけでなく時間に関しても対称的だということだもの．結局，対称性というのは，系が以前にそうであったのと同じに見えるようにする変換にすぎないのよ．周期性それ自体も時間に関する対称性ね．一周期だけ時間をずらすと，すべてが同じに見えるのだから．『左右を裏返して位相を 0.5 ずらす』というのが，人間の

5 四足動物と歩こう 49

図 5.2 カンガルーの跳躍の 8 枚のスナップショット．常に左右対称が保たれている．

歩行の時空混合対称性ね．大げさな言い方だけど」

「君が跳ねたときの相対位相は？ それは 0 かな」ためらいがちにターザンは尋ねた．

「そのとおりよ．両脚を同時に動かしているから，位相のずれはないわ．それはカンガルーが跳ねるときも同じね（図 5.2）」

「カンガルーってなんだい」

「あら，ごめんなさい．アフリカにはいなかったわね．カンガルーはオーストラリアに生息しているのよ．カンガルーは二本脚で跳ねるの」

ターザンは両脚で飛び上がると，奇妙な戦勝祈願の舞を踊り，地面にひっくり返った．「相対位相 0.3 でやろうとしたんだ」とターザンは説明した．

「それは無理よ」とジェーンは言った．

「いや，できるさ．右脚に対して左脚を周期の 0.3 だけ遅らせればいいだけなんだ」

「そうね」

「でも，できそうにない」

「たぶん，それは本当の対称性じゃないからよ」ジェーンは言った．「左右を交換して位相を 0.3 だけずらすとまったく同じに見えるとしたら，右脚に対して左脚を 0.3 遅らせるだけじゃなくて，左脚に対して右足も 0.3 遅らせないといけないのよ．つまり，右脚は，それ自身に対して位相が $0.3 + 0.3 = 0.6$ だけずれていることになるけど，これはありえないわ」

「それに危険だ」両脚をさすりながら残念そうにターザンは言った．

「そうよ！ こんな定理があるわ！」ジェーンは叫んだ．エドガー・ライス・

バローズの愛読者なら，ジェーンの父親がアーキミディーズ・Q・ポーター教授だと知っているだろうし，その娘が一族の数学的な才能の一部を受け継いでいたとしても驚くにはあたらないだろう．「左右裏返しと位相のずれを組み合わせて対称になるなら」とジェーンは続けた．「位相のずれは 0 か 0.5 のいずれかでなければならない．それ以外は起こりえないのよ」

「どうして？」

「さっきと同じように考えればいいのよ．それぞれの脚がもう一方の脚に対してある位相だけ遅れているなら，それぞれの脚はそれ自身に対してその位相の 2 倍だけ遅れていることになる．ここで，一方の脚がそれ自身に対して，周期の整数倍だけ遅れるというのはありえることなの．なぜなら，それは実質的にはまったく遅れがないことと同じだから．したがって，位相のずれの 2 倍は 0, 1, 2, 3, ... であり，それは位相のずれが 0, 0.5, 1, 1.5, ... ということよ．でも，周期的ということから，位相のずれが 1 というのは 0 と同じことで，1.5 というのは 0.5 と同じことなの」

「つまり」とジェーンは続けた．「二本脚の動物の歩容の対称性は 2 種類しかないわ．まったく対称性がないことを除けばね．それっていうのは，実際には…」ターザンは，片足を引きずりながら，ジェーンに近づいてきた．「そう，そのとおりよ，ターザン．あなた，なんて理解が早いの」

ターザンはジェーンの隣にしゃがみ込むと，わずかながらの刺激を求めて胸毛を掻きまわしていたが，ジェーンにたしなめられた．「四本脚の動物の場合は，もっと混み入っているに違いない」とターザンは言った．

「ええ，四本脚の歩容はさまざまね．その中でも，もっとも一般的な 8 種類を図 5.3 に示したわ．跳躍は二本足の動物が跳ねるのと同じく左右対称で，キリン（図 5.4）やラクダによく見られる側対歩は人間の歩行のように左右を入れ替えると周期の半分だけ位相が変化するの」

「わからないのは」とターザンは考え込んだ．「キュリーの原理がなぜ成り立たないのかだ．なぜ，すべての動物でこうも対称的でない歩容になるんだろう」

5 四足動物と歩こう 51

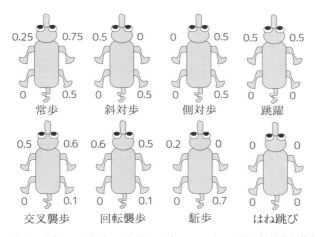

図 5.3 四本脚の動物の 8 種類の一般的な歩容．それぞれの脚の相対的な位相を示す．

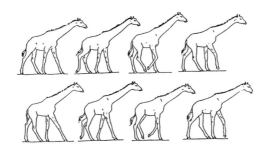

図 5.4 キリンの歩行では左右対称が崩れている．下段の 4 枚のフレームは，上段の 4 枚のフレームと同じだが，（紙面でのではなく，キリンにとっての）左右が入れ換わっている．

このとき，象のヘッフティラン[訳註 2]が木々の間を歩いてきて，ターザンを見ると喜んで大きく鳴いた．ターザンは，それに鳴き声を返した．「いいかい」とターザンは続けた．「はね跳びする象なんて見たことない．不適者生存？ それじゃあ，とうてい進化なんかしないよ」

[訳註 2] Hefty+lumpの意．ちなみに A・A・ミルン作『くまのプーさん』に登場する象に似た想像上の生き物はHeffalumpである．

「対称性の破れね」とジェーンは言った．「それがキュリーの原理に従わない理由よ」

「対称性の破れだって」

「対称的な系が対称的でない振る舞いをすることがあるのよ」

「キュリーの原理に従わないときには，それが起きているというのかい」

「まさにそのとおりよ」

「つまり…，キュリーの原理が成り立たないときはいつもキュリーの原理が成り立たないということか．いいだろう．何が問題かよくわかったよ，ジェーン」

ジェーンは怒った牝ライオンのように唸り声をあげた．なんてこと！ターザンがこっちを見てる！「いい？ターザン．重要なのは，キュリーの原理は成り立たないことがあるということよ．それを見せてあげるわ．ジムはどこ？」

まだ若いチンパンジーのジムはいつも小屋の周りでぶら下がっていて小屋の中のバナナをかすめ取ろうとするので，ジェーンは労せずにジムを捕まえた．ジェーンはつるの端に結び目を作り，その上にジムを座らせてつるを巻きつけると，ジェーンがバナナを口に押し込んで黙らせるまで，ジムは興奮して鳴き続けた．

「ジムがおとなしく座っていて，つるが垂直に垂れ下がっているなら」と教師然としてジェーンは言った．「系全体は円と同じ対称性がある」ターザンはポカンとした顔をしていた．「この周りをグルッと回ってどの方向から見ても同じように見える，ということよ」ターザンは，ジムの顔を覗き込んでから，遠巻きに一周した．ターザンはさらに困惑しているようだった．「ジムをのっぺりとした丸い電球だと考えてみて，ターザン」ターザンは納得して領いた．

「では，この枝からぶら下がったつるをつかんで，ゆっくりと上下に動かしたとしましょう．こんなふうに．すると，上下はするけど，ジムが横に動くことはない．この系の主要な部分，すなわち，枝からぶら下がっている，ジムをつないだ部分のつるが上下しても，依然として円と同じ対称性をもつわ．でも，こうするとどうかしら」ジェーンがさらに激しくつるを上下に動かすと，ジムは弧を描くように揺れ始めた．その揺れは，最初は小さく，そしてどんどん大きくなった．ジムが喜んでキーキー鳴いて両腕を振ったので，地面に落ちて実験は終った．

「見たよ」とターザンは言った．「でも，それが何だかよくわからない」

「これが対称性の破れよ」とジェーンは言った．「つるが垂直に垂れ下がっているのがこの系の完全に対称的な状態だけど，私がつるを上下させたら，その状態は不安定になったわ．この対称的な状態は数学的には存在するものの，実際にはわずかに不規則なずれが増幅されていって，そうはならなかった．対称的な状態にはなりえなかったので，系は自然とそれ以外の状態をとらねばならず，必然的に対称でない状態にならざるをえなかったのよ」

「あの」とターザンは口をはさんだ．「『必然的』って？」

ジェーンはそれを無視して続けた．「だけど，それはまったく非対称というわけではない．ジムは，ある平面の中で行き来するように揺れていたでしょう．その平面を鏡だと考えれば，ジムの揺れはその鏡による裏返しに関して対称だわ．これは，定常波の一例よ」

「でも，それだけじゃないの」ジェーンはジムをつまみ上げると，なだめるためにまたバナナをジムの口に押し込み，もう一度つるにぶらさげた．「ジムがまた別の種類の周期的振動になることもあるの」ジェーンがジムを押すと，ジムは円を描くように揺れた．「この動きは円と同じ対称性があると考えるかもしれないけど，実はそうじゃないわ．ある角度だけ回ったところからこの系を見ると，元とまったく同じではないでしょう」

「ああ，鏡に映った歩行と同じようだ．同じ種類の動きだけど，それぞれの時間には違う位置にある」

「そう，これがどういうことかわかる？」

「ほとんど同じだけど…，あきらかにタイミングが違う．これも位相のずれだね」

「そのとおり．系を回転させても，時間をうまくずらせば，回転させる前とまったく同じに見えるでしょう．この場合，時間のずれは回転と同じことよ．たとえば，0.4 回転だけ向きを変えたら，時間も周期の 0.4 だけずらす必要があるというように．これを回転波と呼ぶの」

「アカシアの木に結んで，誰かそれに引っかかるか見てみよう」[訳註3]とター

[訳註3] 「旗竿に掲げて，誰かそれに敬礼するか見てみよう」すなわち，あれこれ考えを巡らしているよりも，公の場あるいは顧客に提示して反応を見たほうがよい，というビジネス・シーン

ザンは言った．ジェーンは，ビジネス書なんか旅行にもってくるんじゃなかったと思い始めた．「完全に対称的な状態が不安定になれば，対称性が破れて定常波か回転波になることがあるわ．定常波は純粋に空間的な対称性，すなわち，ある平面での裏返しに関する対称性をもち，回転波は時空混合の対称性をもつの」

「まさに，それだよ！」ターザンは胸を叩いて勝利の雄叫びをあげた．しかし，ジェーンは首を振った．それは下院議会では通用しないわ．この猿人の教育は，まだまだ前途多難ね．「でも，円と同じ対称性が完全に消滅したわけではないわ」ジェーンはつるをつかんだ．ジムは不安げな様子であった．「垂直な平面を一つ選んでみて」

「あの絡み合ったチリマツに向かう平面とか」とターザンは言った．ジェーンは，その方向にジムを押しやった．すると，ジムはターザンが選んだ平面の中で行ったり来たり振り子のように揺れた．「どの平面であれば，こうなると思う？」

「どんな平面でもいいんじゃないかな」とターザンは言った．「その平面が垂直でそのつるが枝から垂れ下がっている点を通りさえすれば」

「そのとおりよ．すなわち，対称軸を通る平面ね．そして，それらの平面にはどのような結びつきがあるかしら」

「えーと，それらは互いに回転によって重なり合う．そうか！ どんな回転によっても変わらない完全に対称的な単一の状態ではなく，対称的でない多数の状態が回転によって互いに結びついているんだ」

「そのとおり．動きの集合全体としては，依然として円と同じ対称性があるわね．すなわち，その集合に含まれる動きを回転させると，その集合の別の動きになるということ．でも，ここから考え始めないほうがいいかも．対称性は破れているというよりむしろ共有されているのだし」

このとき，橙色に斑点のある影が空き地を横切って遠吠えし，ターザンにぶつかると，両者は一塊りになって絡み合った．短い取っ組み合いのあと，ターザンは満面の笑みを浮かべて立ち上がると，大きなチーターを抱きかかえてい

でよく使われる言い回しのもじり．この言い回しは，ジョージ・ワシントン米国初代大統領にまつわる作り話として広まった．ベッツィー・ロスが新しい星条旗の意匠を見せたところ，当時将軍であったワシントンがこう切り返したとされている．

図 5.5　チーターの回転襲歩

た．「ごらん，厄介なの[訳註 4]がきたよ」

「ええ，そして私の見たところ，そのチーターの歩容は回転襲歩だったわ」とジェーンが言った．「回転襲歩はもっとも対称性のない歩容の一つね」（図 5.5）

「それはどんな対称性をもつんだい」とターザンはたずねた．

「それは，位相のずれから読み取れるはずよ」とジェーンは言った（図 5.3）．「回転襲歩では，対角の位置にある脚は位相が 0.5 ずれていて，左前脚と右前脚とは奇妙なことに位相が 0.1 ずれている．実際のところ，専門的になってしまうのでここでは説明しないけど，たぶん動物がエネルギーを効率的に使おうとしていることに関係しているみたい．いずれにしろ，回転襲歩の対称性は，対角の位置にある脚どうしを交換し，周期の半分だけ位相をずらすことね」

「どんな種類の対称性が破れたら，こんな動きになるんだろう」とターザンは言った．しかし，太陽は沈み，彼らは小屋に引き上げた．

翌朝，ジェーンは，まるで猿の大群のようなとてつもなく大きな金切り声と歯を鳴らす音で目が覚めた．ジェーンが空き地を見下ろすと，目に飛び込んだのはまさにそれに近いものだった．ターザンは，4 本の木の間に複雑なつるのネットワークを作り上げ，バナナを使って，ぶら下がった 4 本のつるの端に若いチンパンジーがしがみつくようにしていた（図 5.6）．猿じゃなくて類人猿だけど，大した違いはない．

「これは生物学者が中枢パターン生成器と呼ぶものの模型なんだ」とターザンは楽しそうに言った．「そして，もう少し詳しく調べたよ．それぞれのチンパンジーは，脚を制御する動物の神経回路の部品を表している．そして，つるは，神経細胞を互いにつなぎ合わせる接合部だ．したがって，神経細胞は互いに影

[訳註 4] spot には「斑点」と「厄介ごと」の意味がある．

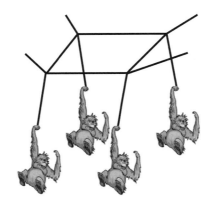

図 5.6　中枢パターン生成器の模型

響を及ぼす．この回路の力学が歩容のリズムを制御するんだ．見ててよ」ターザンは，一匹のチンパンジーを押しやると，そのチンパンジーは揺れ始めた．その刺激が結びつけられたつるを伝わり，すぐに他のチンパンジーも同期して揺れ始めた．そのかなり複雑な揺れのパターンは，一匹のチンパンジーが他のバナナを奪うためにつるから飛び降りるまで続いた．

　「ハードウェアに問題ありだね」とターザンは言い，その曲者をつまみ上げて，元のつるに戻した．「基本的な考え方はよかったんだよ．それぞれのチンパンジーはどのように揺れ動いてもよいようになっているからね．これが，一匹の動物が速度や地形などによってさまざまな歩容を使い分けられる理由だ．4本のつるを正方形に配置することで標準的な歩容のほとんどを再現できた．おかしな話だが，常歩はうまくいかなかった．これは一種の 8 の字状の回転波で，左前脚，右後脚，右前脚，左後脚の順に 0.25 ずつ位相がずれて動く．だけど，隣り合うつるの接続を交叉させれば実現できたよ」

　「あなたのやろうとしているのは，こういうこと？」とジェーンは言った．「連結された振り子からなるさまざまなネットワークを調べて，どんな種類の対称性の破れが生じるかを見出す．そして，それぞれの脚が一つの振り子によって制御されているという仮説のもとで，そこから得られた結果を実際の歩容とうまく合致させたい」

5 四足動物と歩こう　57

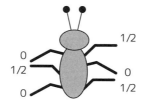

図 5.7　昆虫の三点支持歩容

「そう，もちろん．というより，誰が見たってわかるよね．現実には，それぞれの『振り子』は複雑な電気回路かもしれない．重要なのは，これでうまく動いているということだよ．たとえば跳躍にしたいと思ったら，こうだ．まず，2本の『前脚』を同時に同じように動かす」そこで，ターザンは空き地の反対の端まで走った．「それから，残りの2本の脚を，0.5だけ位相をずらして同じように動かすんだ．もちろん，それぞれのチンパンジーをどのようなパターンで揺らしても構わない．ただ，いくつかのパターンだけが長く揺れ続けることができる．それ以外は何となく揺れてるだけだ．だから，長続きするのは，このネットワークにうまく適合した揺れのパターンなんだろう．思ったとおり，斜対歩，側対歩，はね跳びは簡単だった」

「2種類の襲歩もそれほど難しくない．しかし，駆歩になるようにチンパンジーたちを説き伏せるのは苦労したよ，いや本当に．おそらく，この虫(バグ)を解消するには，もっとバナナが必要だね」

「ターザン，そのぞっとするようなおかしな例えはやめて．実際には，もっときちんとした…」ジェーンはそう言いかけたが，ターザンは叫びながら茂みに飛び込んでいった．「そう，虫だよ，虫！　虫の場合でもうまくいかないと」ターザンは大きな緑の甲虫を振り回しながら茂みから現れると，その甲虫を石の上に置いた．最初はおじけづいていた甲虫が，慌てて逃げ出した．

「六脚動物の歩容は」とジェーンは言った．「そのうちの3本ずつがいっしょに動く．組になった3本の脚は，残りの3本の脚に対して0.5だけ位相がずれている（図5.7）．一方の側の前脚と後脚，そしてもう一方の側の中脚が一組になるの．みごとな対称性ね」

夕方近くに，ターザンは六角形状に連結された 6 本のつるを組み上げ，問題を解くための 6 匹のチンパンジーは六脚動物の歩容として楽しそうに揺れていた．チンパンジーは，交互に 0.5 だけ位相をずらして，六角形の中心と外周の間を行ったり来たり揺れていた．

　その夜，ジェーンはうとうとしながら，いつしかこう考えていた．ターザンが次に思いを巡らすのは‥‥．しかし，その考えが形になる前に，ジェーンは眠りに落ちた．

　日が昇ったすぐ後で，ジェーンは，これまでに聞いた最悪のキーキー声の中，大量の木が倒れる音で目が覚めた．ターザンは空き地を広げて長い通り道にしていた．その両脇にはつるが大きな山に積み上げられ，通り道の一方の端には小屋ほどの大きさのバナナの山があり，チンパンジーたちはそこかしこを走り回っていた．ジェーンはチンパンジーを数えてみた．少なくとも 100 匹はいるに違いない．

　もちろん，ちょうど 100 匹だ．ジェーンは，昨晩考え始めていたことを思い出した．ターザンが次に百足(むかで)について思いを巡らさないといいんだけど，と．実際には，百足に 100 本の脚があるわけではないが，ターザンはなにごとも杓子定規に受け取る性格なのだ．

　ジェーンの脳裏に，新しい心配事が思い浮かんだ．お願いだから，千足(やすで)のことは思い出さないで．

ウェブサイト

動物の歩容全般：

    http://en.wikipedia.org/wiki/Animal_locomotion

    http://en.wikipedia.org/wiki/Terrestrial_locomotion_in_animals

馬の歩容：

　　http://en.wikipedia.org/wiki/Horse_gait

　　http://ja.wikipedia.org/wiki/歩法_(馬術)

昆虫の歩容：

　　http://www.mindcreators.com/InsectLocomotion.htm

歩容の動画を含む，初期の写真：

　　http://commons.wikimedia.org/wiki/Category:Eadweard_Muybridge

　　http://en.wikipedia.org/wiki/Eadweard_Muybridge

　　http://ja.wikipedia.org/wiki/エドワード・マイブリッジ

6

結び目による空間敷き詰め

　正方形のタイル，長方形のタイル，六角形のタイル，曲線で縁どられたタイル，…，数学者は，その多様さに驚かされ，一見単純そうだがとびきり難しい問題に悩まされながら，その規則性に魅了されてきた．しかし，結び目になったタイルなど考えたことがあるだろうか．

平面を敷き詰める形状，すなわち重なることなく完全に平面を埋め尽くす形状は，娯楽数学においても本格的な数学においても繰り返し現れる主題である．3次元空間を「敷き詰める」立体もまた多くの関心を集める．実際，あまりにも多くの人々がこれらの問題に取り組んでいるので，まだ手がつけられていない新しいことは何もないと考えがちである．しかし，*Mathematical Intelligencer* に掲載されたコリン・C・アダムス（ウィリアムズ大学）のすばらしい記事によって，けっしてそうではないということを痛感した．アダムスは，非常に複雑な構成，とくに結び目になった3次元のタイルを生み出す一般的な手法を考案したのだ．

アダムスの3次元敷き詰めは，どれもプロトタイル[訳註 1]と呼ばれる単一の形状の合同な複製によって構成されている．もっとも単純な3次元敷き詰めは，プロトタイルとして立方体を使い，それを3次元の碁盤の目状に積み上げたものだ．この「立方格子」による敷き詰めはおもしろみに欠けるが，すぐにわかるように，ほんの少し修正すると驚くほど複雑な位相幾何学的構造をもつタイルを作ることができる．

位相幾何学は「ゴム膜の幾何学」，すなわち，連続変形の幾何学である．これは，図形を伸ばしたり，押しつぶしたり，曲げたり，捻ったり，そして一般的には連続的に変形させたりしても変わることのない性質を研究する．（ただし，引き裂いたり，切ったりしてはいけない．）このような変形を位相同型という．たとえば，立方体（の表面）は球面に位相同型である．それは，単に角を丸めただけだからだ．位相幾何学的な性質の中には，連結性や結ばれ方といった基本的な概念もある．

位相幾何学者のお気に入りの形状にトーラス（輪環面）がある．これは，ドーナツや自動車のタイヤのような形状だ．この記事では，中身の詰まったトーラス（輪環面体）を考える．すなわち，砂糖をまぶした表面だけではなく，ドーナッツの生地の部分だ．位相幾何学的な方向に考えを進めるなら，トーラスに位相同型なプロトタイルを見出すところから始めるべきだろう．この先を読み進める前に，まずこれを考えてみよう．その答えの一つを図6.1aに示す．この

[訳註 1] プロトタイプとタイルを合わせた造語．

6 結び目による空間敷き詰め

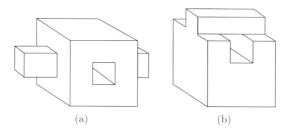

図 6.1 (a) 穴をあけ，その穴に合う突起を付けた立方体によるトーラス状のタイル，(b) トーラス状のタイルを作る別のやり方

プロトタイルは，中央を突き抜ける穴をもつ立方体である．別の相対する二つの面の中央には，穴と同じ断面をもつ「突起」がある．それぞれの突起の長さはちょうど穴の長さの半分である．

このプロトタイルは，位相幾何学的にはまさに中身の詰まったトーラスである．これが粘土細工だとしたら，二つの突起を平らに押しつぶして角を丸めると，どこにでもあるドーナツになる．このプロトタイルの複製を使って，市松模様の黒マスの位置にあるプロトタイルを，白マスの位置にあるプロトタイルと直交する向きになるように置くと，突起が隣接するプロトタイルの穴にぴたりとはまるので，単位立方体の厚みをもつ平らな厚板を作ることができる．そして，この厚板を単に積み上げれば，3次元空間を敷き詰めることができる．

このプロトタイルから，木材を使って本物のタイルを作り，実際に互いがぴたりとはまるようにできる．このタイルは，空間をタイル貼りするが，互いに絡み合ってはいない．別のプロトタイルとして，図 6.1b に示すような，互いに絡み合ったものを考えることもできる．以降では，絡み合ったプロトタイルも許すことにする．ここでは，3次元空間を敷き詰める数学的な形状を探しているので，別々に作られたタイルが組み上げられるかどうかは気にしなくてよい．

このどちらの解も，「分割/再構成」原理が使われている．この原理は，平面上で考えるとわかりやすい（図 6.2）．単純なタイルから始める．この例では，それは正方形である．それぞれのタイルをいくつかの小片に分割する．ただし，それぞれのタイルは同じやり方で分割する．ここで，それぞれの小片の複製を1つずつ取り出して新しいプロトタイルを組み上げる．しかし，それらは，必

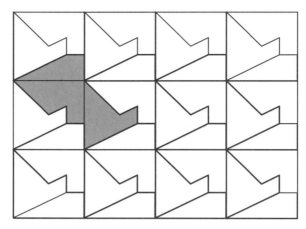

図 6.2 正方形による平面の敷き詰めで説明する分割/再構成原理．それぞれの正方形を
いくつかの部品に分割し，複数の正方形からそれぞれの部品の複製を選んでプロ
トタイルを作る．

ずしも同じ正方形から取り出さなくてもよい．こうしてできあがったプロトタイルは，自然と平面を敷き詰める．3次元空間でも同じような構成法を用いることができる．この変形として，元の単純な敷き詰めでは，プロトタイルをある規則的なやり方で異なる向きに配置しておいてもよい．図 6.1 に示したプロトタイルは，立方格子による 3 次元空間の敷き詰めに分割/再構成原理を適用したものとみることができる．図 6.1a では，元の立方体は，穴のあいた立方体とその穴を埋める部分を二等分した突起からなる三つの部品に分割されている．図 6.1b では，元の立方体は，四角い溝のある立方体とその溝にぴたりとはまる直方体に分割されている．これらの立方体を適切な向きで立方格子状に積み上げて，その部品をうまく隣接する立方体に再配分すれば，この図に示したプロトタイルが得られる．

この「突起と穴」の構成を少し修正すれば，二つ以上の穴をもつトーラスにもなる．きちんと一列に並ぶようにいくつもの穴を平行にあけ，それぞれの穴に対してその半分の長さの一対の突起を作ればよいのだ．もちろん，同じ考え方で，「穴あき立方体」として知られる，もっと風変わりな形状のタイルを作る

こともできる．中身の詰まった立方体から穴あき立方体を作るには，立方体の上面から立方体の下面へと抜けるいくつものトンネルを掘る．これらのトンネルは互いに巻きついていたり，結び目を形成したり，一般にはどんなに複雑に絡み合っていたりしてもよい．どのような穴あき立方体も修正すれば，それと位相同型なプロトタイルを作ることができる．単にそれぞれのトンネルを二つに分け，立方体の左面と右面それぞれにその二分したトンネルに対応する突起をつければよいのだ．これらのプロトタイルは，図 6.1a に示したプロトタイルとまったく同じように組み合わすことができる．ここでも，分割/再構成原理が使われている．

さらに，突起を追加しても，もとの穴あき立方体の位相幾何学的構造は変わらない．なぜなら，それぞれの突起は，それが取り付けられた面から連続的に伸びていると考えればよいからだ．これを「萌芽原理」と呼ぶことにする．いくらこのような突起が発芽したとしても，その位相幾何学的構造は保たれる．ただし，ひとつだけ重要な制約がある．突起には穴があってはいけないのだ．なぜなら，そのように穴を空けるのは連続変形ではないからだ．正確に言えば，突起は立方体と位相同型でなければならず，立方体の一つの面だけに取り付けられていなければならない．（位相幾何学者にとって，一端に貼り付けた細長い曲りくねった突起は，ある面に貼り付けた立方体と等価なのである．）

これはきわめて一般的な考え方であるが，多くの興味深い位相幾何学的形状は穴あき立方体と同型ではない．そういったものを扱うために，アダムスは，もっと巧妙な別の手法を導入した．これを単純な中身の詰まったトーラスによる三葉結び目を使って説明しよう．どのような結び目でも，ほとんど同じやり方でうまくいく．基本的な発想は，組み合わせると立方体になる鋳型を使って銅製の三葉結び目を鋳造するにはどうすればよいかを考えることだ．ここでも分割/再構成原理を使う．結び目の位相幾何学的構造を保つためには，鋳型のそれぞれの部品が位相幾何学的には立方体でなければならない．

そのような鋳型を図 6.3a に示す．その部品のうちの二つはそれぞれ立方体を二分したものでその切り口には刻み目があり，三つめの部品は奇妙な木のような構造をしている．この木は，結び目の上下に交叉する部分をつないで多数の穴をもつトーラスに変える役割を果たす．この木は，この三つの交叉部分を埋

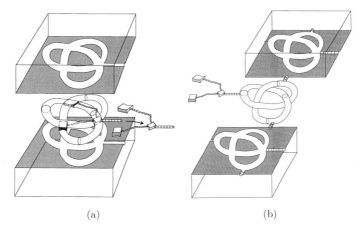

図 6.3 (a) 組み合わせると立方体に収まる三つの部品からなる鋳型で三葉結び目を鋳造する．(b) これに分割／再構成原理を適用して作ったプロトタイル．複雑な外見をしているが，萌芽原理によって三葉結び目と位相幾何学的に同値になる．

める方形状の当て板と，それらをつなぎ合わせる細い枝で構成されている．したがって，これは，三つではなく一つの部品で，立方体と位相同型になる．鋳型の上側と下側の部品を合わせると，外側は正方形の面をもつ通常の立方体になるが，結び目と木を合わせた部分だけが中空になる．そして，この木の幹を外側の立方体の縁まで伸ばすのだ．

なぜ，このような木を用いることで，余計に複雑にしているのだろうか．その理由は，二つの部品がどちらも立方体に位相同型ならば，それらだけを鋳型として三葉結び目を鋳造することはできないことにある．この木を使うことによって，結び目をこのやり方で鋳造できる形状に変えているのだ．

この三つの部品からなる鋳型を作り終えたならば，図 6.3b に示すプロトタイルを作るために分割/再構成原理を用いる．立方格子のそれぞれの立方体を四つの部品に分割するところから始める．その四つとは，三葉結び目と，これまでに説明した三つの部品からなる鋳型である．そのような立方体を立方格子状に並べて，3次元空間を埋め尽くしたと想像してみよう．そこで，それぞれの部品の複製を図 6.3b に示したように 1 つずつ選ぶ．ある立方体からは三葉結

び目，その向こう側にある立方体からは上半分の鋳型，同じく手前にある立方体からは下半分の鋳型，そして左隣の立方体からは木状の部品を選ぶのだ．ただし，図に示したように，上下の鋳型が合わさる面に溝を掘り，それぞれの鋳型と結び目の断面の半円部分をつなぐと，複雑ではあるが全体でひとかたまりのプロトタイルになる．このプロトタイルは，今にも折れそうな奇妙な構造ではあるが，元の三葉結び目と位相同型なのだ．このことは萌芽原理からわかる．なぜなら，このプロトタイルは，三葉結び目に三つの突起を追加しただけであり，それぞれの突起は，どれほど複雑な形状になっていようと立方体と位相同型だからである．

この手法は，位相幾何学的には洗練されているが，かなり複雑な形状になってしまうので，もっと普通の結び目の形状に近いものが欲しいと考えるのも無理はない．アダムスは，これにもちゃんと答えを用意している．それは，まず立方体を結び目になった合同な部品に分割するのだ．対称的に絡み合う四つの三葉結び目への分割を図 6.4 に示す．立方格子から始めて，それぞれの立方体をこのように四つの三葉結び面に分割すれば，三葉結び目で 3 次元空間を敷き詰めたことになる．

結び目による敷き詰めには未解決問題がまだ数多くある．これは，娯楽数学愛好家にちょうどいい問題でもある．立方体から始めて，それをそれぞれが $1/n$ の大きさの小立方体 n^3 個に分割する．その小立方体を 4 色で塗り分けて，それぞれの色からなる部分が三葉結び目と位相同型な形状になるようにする．これを図 6.4 と同じように四つの結び目が 90 度の回転対称で絡み合うようにする．このようにできるための n の最小値はいくつかというのが問題である．

図 6.4 のそれぞれの正方形を目の細かい格子に分割すれば，n が十分大きければうまくいくことはわかるだろう．その正確な値がいくつかを見つけるのは読者の楽しみに残しておこう．より荒い格子の上に同様の図を描くことができるかが未解決問題である．四つの結び目が対称的に絡み合うとしたら，n は偶数でなければならないし，n が小さい場合は比較的簡単に除外することができることに注意されたい．この対称性の条件を取り除けば，n の最小値をもっと小さくできるかも調べてみるといいだろう．

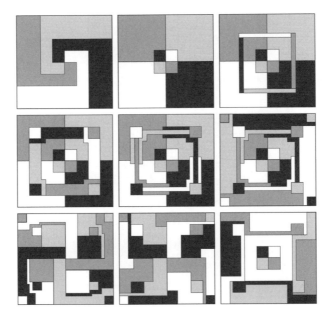

図 6.4　対称的に配置された四つの三葉結び目からなる立方体の断面図．これらの断面図を積み重ねて，隣り合う断面中の同じ色の部分を貼り合わせると結び目になる．

読者からの反応

　英国カンバーリーに住む弁理士マイケル・ハーマンは，結び目による敷き詰めを見つけるためのさまざまな新しい手法を説明した長い手紙を送ってきた．その中でもとくに興味深いのは，トーラスの回りに絡みつくようにして作られた「トーラス結び目」（図 6.5）から出発する方法だ．このような結び目のいくつかの合同な複製によってトーラスの表面を敷き詰めることができ，合同を保ちつつ，トーラス内部を埋め尽くすようにこれを拡張することができる．

立方体を二つの合同なトーラスに分割できることはよく知られている．ハーマンは，この二つのトーラスをそれぞれ二つの合同な結び目に分割できることに気づいた．すなわち，立方体を四つの合同な結び目に分割する新しいやり方が得られたことになる．ハーマンはこう付け加えている．「二つのトーラスは，まったく同じように分割することもできるし，互いに鏡像になるように分割することもできることは注目に値する」

図 6.5　トーラスに沿って 3 周する間に，穴を 8 回通り抜けるトーラス結び目

ウェブサイト

敷き詰め全般：

 http://www.scienceu.com/geometry/articles/tiling/

 http://mathworld.wolfram.com/Tiling.html

 http://en.wikipedia.org/wiki/Tessellation

 http://ja.wikipedia.org/wiki/平面充填

非周期敷き詰め：

 http://en.wikipedia.org/wiki/Penrose_tiling

 http://ja.wikipedia.org/wiki/ペンローズ・タイル

3次元の敷き詰め:

 http://en.wikipedia.org/wiki/Convex_uniform_honeycomb

 http://ja.wikipedia.org/wiki/空間充填

トーラス結び目:

 http://en.wikipedia.org/wiki/Torus_knot

 http://ja.wikipedia.org/wiki/トーラス結び目

 http://mathworld.wolfram.com/TorusKnot.html

結び目一覧:

 http://www.math.toronto.edu/~drorbn/KAtlas/Knots/

結び目不変量:

 http://en.wikipedia.org/wiki/Knot_theory

 http://ja.wikipedia.org/wiki/結び目理論

7

未来へGO!! 1：時間の遭難者

　時間旅行は，ちょうど100年前にH・G・ウェルズが『タイム・マシン』を発表して以来，空想科学小説の題材となっている．また，ここ2, 30年間では，相対論的物理学の主題でもある．数多くのパラドックスにもかかわらず，現時点でわかっている物理法則からは時間を越えて旅行することがありえないとは言えないようだ．

　ようこそ，ホークローズ・アンド・ペンキング重工学へ．

ガタガタというかすかな音を聞いたのは，ちょうどホークローズ・アンド・ペンキング重工学での交代勤務を終えたときだった．それは，仮想現実の実験区画から聞こえてきたようだった．夜も更けて，そのあたりはまったく静まりかえっていて，近くには僕一人しかいなかった．僕はそれが何なのかを調べざるをえなかったが，正直なところ，かなりビビっていた．それはサイバー空間からの不法侵入かもしれない．3001年の今日では，DNAに反応するロボット守衛みたいなものがあり，物理的なセキュリティを破ることは不可能だ．しかし，電子的なセキュリティはまた別の問題である．電子的な技術をもった頭の切れる泥棒が大勢いるからだ．

　その部屋には鼻をつく煙が充満していた．これは物理的な不正侵入にちがいないが，そんなことができるわけない．僕は汗をかきはじめた．煙が徐々に晴れていった．

　部屋の中央には見慣れない奇妙な機械があった．それは，光る金属，ガラス，そしてつや消しの白いプラスチックみたいなものでできた精巧な骨組みで，古めかしい外見をしていた．その中央に，黒い外套に身を包んだ男が座っていた．そいつが動いた．

　「保安装置作動！」と僕は叫んだ．「この部屋は封鎖した．両手を上げて出てこい！　レーザー光線，フェイザー銃，ロケット砲，その他の武器には触れるな．さもないと，バイオサイバネティック防衛システムによって瞬時に分解されるぞ」僕ははったりをかましたが，そんなことはあいつにはわからないだろう．そいつは機械から降りた．

　「身分証明書は？」と僕は言った．

　「ああ，私の名前が知りたいということでしょうか」

　そいつは礼儀正しそうで，しかもとても古風に見えた．こいつは，どうやって引っかけようとしてるんだ？「即刻，身分を明らかにせよ」と僕と言った．「私のことはタイム・トラベラーと呼んでいただければ結構です．私はハーバート・ウェルズ氏の友達です」

　ハーバート？　待てよ，それはハーバート・ジョージ・ウェルズのことか？　H・G・ウェルズといえば，有名な空想科学小説家だろう？「突拍子もないことを言うやつだな」僕はそいつを壁に押しつけて，身体検査をした．すると，羽ペ

ンやら奇妙なものがいくつかでてきた．僕は，部屋にあった機械に目を凝らした．その機械は鉄，ブリキ，ガラス，水晶などでできていて，美しい細工の真鍮の器具がついていた．ある部分は白いプラスティックのような材質でできていたが，僕にはそれが何だかわからなかった．

　こいつが何を言っているのかわからないが，どこか納得できるようなところもあった．その装置は，古びた趣きのある本物の骨董品だった．それが作り物だったとしても，誰も僕を責められないだろう．

　「仮にお前の言うことを信じるとしよう」と僕は言った．「そうだとすると，どうやってここに来た？　そしてその理由は？」

　「私にはなす術がなかったのです．煙の匂いがしたときには，すでに遠い未来へと向かっていました．私は機械を止めましたが，時すでに遅しでした．時間を選ぶ歯車の歯が潰れてしまったんです」そいつはしばらくの間，機械の中をいじくり回していて，悲惨な状態のプラスティック製の円盤を引き抜いたが，そこからはまだ煙が細くたなびいていた．「申し訳ないですが，新しいのを作ってもらえないでしょうか」

　「それは」と僕は言った．「どんな種類のプラスティックでできているかによるね」

　「失礼ですが，『プラスティック』とは何のことでしょう」

　かなりの役者じゃないとすると，こいつが嘘をついているとは考えられない．プラスティックも知らないなんて．僕は言った．「この白い材質だよ，ほら」

　「ああ，これですか．これは象牙です．これじゃないとだめなんです．動物の成分と何か関係があるみたいなんですが，しかし，どこにだってあるでしょう？」

　この時点で僕は確信した．3001年には，誰も象牙などもっていない．その理由の一つとして，象牙の取引は1000年前に禁止されている．そして，950年前に密猟によって最後の一頭が殺されて，象は絶滅してしまった．したがって，象牙は博物館にしかなく，値がつかないほど貴重で，古びて黄色にくすんでいる．

　この部品の材質はまだ新しい．

　「その見込みはないね」そう言って，僕は新しい歯車を作るのに必要な材料が手に入らない理由を説明した．

　タイム・トラベラーは，今にも泣きだしそうだった．「それじゃあ，どこにも

行けない」彼は小声で言った．

「いや，なんとかなるかも知れない」と僕は言った．「うまい手があるとしたら，ホークローズ・アンド・ペンキングならやれるよ．まず，この装置がどのように動作しているのか教えてくれないか．そうすれば，何かいい考えを思いつくかもしれない」

タイム・トラベラーはあきらかに自分を取り戻そうと努力していた．「私の友人であるウェルズ氏が *The New Review* の 1894-5 年号に発表した『タイム・マシン』をご存知ですか」

偶然にも，僕はそれを読んでいた．僕の趣味は古代文学史なのだ．その雑誌がどちらの年に出版されたのかいつも気になっていた．

僕が頷くと，タイム・トラベラーは続けた．「その話は，実際の発明に基づいているのです．ウェルズ氏自身は，その中心となるアイデアを『時間は，私たちの意識がそれに沿って移動することを除いて，空間を構成する三つの次元とまったく差はない．』と説明しています．この機械は，私たちの意識とは異なる方向に移動する，ただそれだけです．これで機械は動くのです」

「興味深い」と僕は言った．「まったく正しいとは言いきれないが，興味深い」

「正しいとは言いきれないですって？」そこで，僕は培養槽から出てくる前の子供でも知っている相対性理論の基本をタイム・トラベラーに説明しなければならなかった．それには順を追って説明する必要がある．まずは，特殊相対性理論からだ．

「覚えておいてほしいのは」と僕は言った．「『相対性理論』というのは，とんでもない呼び名だということだ」

「それなのに，なぜそれを使っているのですか」

「歴史上の偶然の所産だ．ずっと，これがついてまわる．この機械が動くようになったら，戻って，もっといい名前をつけるようにアルバート爺さんを説き伏せてもらいたいね」

僕は，特殊相対性理論の本質は「すべてが相対的」ということではなく，意外にも光速だけが唯一絶対的であることだ，と説明した．自動車に乗って時速 50 キロで移動しながら前方に向かって銃を発砲すれば，その弾は自動車に相対的に時速 500 キロで移動するので，これらを合計した時速 550 キロで動いてい

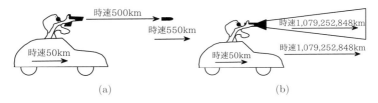

図 7.1 (a) 古典力学では，相対的な速度は足し算になる．(b) 相対論的力学では，光速は一定である．

ない目標に当たる（図 7.1a）．しかしながら，銃を発砲する代わりに照明灯を灯すと，光は時速 1,079,252,848 キロで「発射」されるが，動いていない目標には（最後の 2 桁を 48 ではなく 98 にした）時速 1,079,252,898 キロでは当たらない．光は時速 1,079,252,848 キロ，すなわち，車が動いていない場合とまったく同じ速度でこの目標に当たるのだ（図 7.1b）．

「これは誰でも証明することができる」と僕は言った．「そのためには，靴箱，懐中電灯，そして鏡があればよい」

「懐中電灯？」

「ああ，失礼．えっと，カンテラだね．靴箱の中を照らすために，側面に小さな穴を開ける．また，箱の中を覗くことができるように，上面に開閉できる蓋をつけ，箱の内側の底に『光速は時速 1,079,252,849 キロ』と書いておく．箱をもって静止したままで，蓋を閉じ，カンテラを鏡に向けて，反射した光線が穴から箱の中に差し込むようにする．そして，蓋を開けて光速を読み取る．つぎに，鏡に向かって走りながら，同じ実験を繰り返す．不思議なことに，どちらの場合も時速 1,079,252,849 キロという結果になる」

「それは」とタイム・トラベラーは鼻息荒く言った．「なんとも馬鹿げた実験ですね」

「そのとおり．しかし，もっと精密な装置を使っても同じ結果が得られる．アルバート・マイケルソンとエドワード・モーリーが 1881 年と 1894 年にこれを発見したんだ．彼らは『エーテル』と地球の相対的な動きを検出しようとしたんだ．エーテルというのは，あらゆるところを満たしている，光を含めたすべての電磁波を伝搬すると考えられていた物質のことだ．ニュートンの古典

物理学が正しいならば，地球が公転軌道の反対側に位置して逆方向に動いているときには，その動きは見かけの光速の差として現れるはずだ．しかし，非常に制度の高い装置を用いたにもかかわらず，光速にそのような差は認められなかった」

「ええ，彼らの研究は知っています．それで証明できたのは，地球が軌道を移動するとき，いっしょにエーテルも移動しなければならないということのように思えます」

そんなことは考えもしなかった．間違いなく，当時はそう考えた人たちもいただろうが，おそらくはそれ相応の理由によって退けられたのだろう．「それは，イケてる理論だね」と僕は取り繕った．

「イケてる？」

「えっと，独創的と言えばいいかな．しかし，エーテルがそのように渦を巻いているなら，遠くの星から届く光にどれほどおかしな効果を生じるかわかったもんじゃない．マイケルソンとモーリーは，エーテルはまったく存在しないか，いかにも信じがたいことだが地球はエーテルと相対的に動いていないか，それとも，光には何か特別なことがあるという結論に達した」

「そのどれが正しいのでしょう」

「そう，特殊相対性理論と呼ばれる理論は，一般にはアルバート・アインシュタインという物理学者の功績とされている．その理論は，僕が言ったように，光には何か特別なことがあるというものだ．アインシュタインは1905年にそれを発表した．しかし，多くの人々，とりわけヘンドリック・ローレンツやアンリ・ポアンカレも同じ考えに基づいて研究していた．なぜなら，マクスウェルの電磁方程式は古典力学と相容れないことが広く認識されていたからだ．その一つとして，「移動する基準系」の問題がある．それは，移動する観測者から見たとき，電磁方程式がどう変化するかということだ．この問いの答えとなる公式がある．たとえば，古典力学では，移動する観測者によって測定される（あるいは，この観測者に相対的な）速度は，観測者の移動を差し引きするように変化する．しかし，この古典力学の変換は，マクスウェルの電磁方程式にはうまく当てはまらない．正解は，ローレンツ変換と呼ばれる別の公式を使うことだ．これを使うと，光速は一定のままだが，空間，時間，質量に副作用が生じ

る．光速に近づくと物体は縮み，時間はゆっくりと進み，質量は無限大に近づくんだ」

「そんな奇妙な話は信じ難いですね」

「君は，君が言うところのタイム・マシンでこの建物の真っただ中にやってきた．なのに，僕の話は信じられないというのかい」

「ええ，私が移動を始めた時点では，この建物は存在しなかった．そして，とにもかくにも，私はここにいる」

「そうだ．そして，特殊相対性理論もここにある．ただ，公式だけでこの種のことを考えるのはそれほど簡単じゃないのは認めるよ．実際，1908年に数学者ヘルマン・ミンコフスキーが相対性理論のわかりやすい幾何学的モデルを考案するまでは，この理論は広まらなかった．彼のモデルは，相対性理論を可視化する単純な方法で，今ではミンコフスキー時空（あるいは平坦時空）と呼ばれている」

「相対性理論は，正確には光の相対的でない振る舞いについての理論だから，その理論の中のすべてのことは観測者がどの「基準系」を用いるかに依存している．同じ事象でも，移動している観測者と静止している観測者では違うように見えるんだ」

「そういうことですか．タイム・マシンはまさにその原理で動いているのですね」

「ああ，そのとおりだ．しかし，君は古典物理学で考えている．まあ，いいだろう．たいていはどちらでも同じだから．基準系というのは，数学的には座標系だ．古典物理学では，空間は固定された三つの座標 (x, y, z) で与えられる．この空間の構造は時間とは独立と考えられていて，従来は時間を座標で表すことはない．ミンコフスキーは，時間を第4の座標として明示的に扱うことにしたのだ．2次元のミンコフスキー時空は平面として表すことができる（図7.2a）．横方向の座標 x は，空間内での質点の位置を表し，縦方向の座標 t は，時間内での粒子の位置を表す」

「それは，私が言ったことですよ」タイム・トラベラーは興奮して言った．「時間は4番めの次元だと」

「そう，しかし，君らの文明は気がつかなかった．もうひと捻りが必要なん

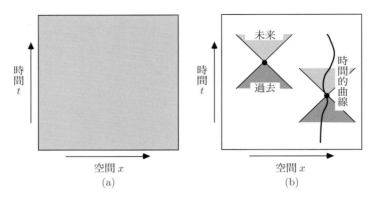

図 7.2　ミンコフスキー時空　(a) 時空の座標系，(b) 光円錐と時間的曲線

だ．それをすぐに説明するが，まずは僕の描いた絵についていくらかの説明が必要だ．完全なミンコフスキー時空では空間は 3 次元だが，便宜上ここでは 1 次元だということにしよう．あとで，空間を 2 次元で表現しなければならなくなるけどね．問題なのは，4 次元の時空は 2 次元の紙の上にうまく収まらないから，数学を展開する上では，空間の次元を切り詰めるための技巧が必要になるということだ．もっとも簡単なのは，はみ出した次元を無視することだね」

「質点が移動するとき，それは世界線と呼ばれる時空の中の曲線を描く．質点の速度が一定ならば，世界線は直線になり，その傾きは速度によって決まる．非常にゆっくりと移動する質点は，長い時間の間に少しの空間だけを占めるので，その世界線は垂直に近い．非常に速く移動する質点は，短い時間の間にたくさんの空間を占めるので，その世界線は水平に近い．その中間，つまり，45 度の傾きの世界線をもつ質点は，適切な単位で測れば，ある量の時間の間にそれと同じ量の空間を占める．この単位は，光速に合致するよう，すなわち，時間の 1 年が空間の 1 光年になるように定められている．1 年の時間の間に 1 光年の空間を進むものは？」

「えっと，光，ですか？」

「そのとおり．したがって，45 度の傾きをもつ世界線は，光の粒子，すなわち，光線あるいは光子か，それと同じ速さで移動できるものに対応する」

「光の粒子ですって？」

「まあ，ここはイメージとして考えてくれればいいよ．光線と考えたほうがわかりやすいなら，それでも結構」

「おっしゃるとおりにしましょう．ちょっと頭痛がしてきましたが」

「おい，こんなのまだ序の口だよ」

「私は甥じゃありません」

「言葉のあやさ．それはそうと，まだ名前を聞いてなかったね．さて，そのひと捻りというのは，相対性理論では物体が光より速く動くのを禁じているということだ．数学的には，その長さや質量，局所的な時間の経過が虚数，すなわち負の数の平方根になってしまうからだ．したがって，現実の質点の世界線は，垂直に対する傾きが 45 度を越えることはできない．このような世界線を時間的曲線と呼ぶ（図 7.2b）．どのような事象，すなわち時空の中の点に対しても，その点を通り，傾きが 45 度の 2 本の対角線によって形づくられる光円錐がある．これを『円錐』と呼ぶのは，空間が 2 次元であれば，この外観は実際に（二つの）円錐になるからだ．時間の進む方向にある円錐は，この事象の未来，すなわち，この事象の影響を受ける可能性のある時空のすべての点を含む．後方にある円錐は，この事象の過去，すなわち，この事象に影響を与える可能性のある時空のすべての点を含む．それ以外は立ち入り禁止，すなわち，この事象とは因果関係をもちえない，別の時間，別の場所ということだ」

「ここで，三平方の定理を使うと，通常の空間では，座標 (x, y, z) および (X, Y, Z) をもつ 2 点間の距離は，次の式の平方根になる．

$$(x - X)^2 + (y - Y)^2 + (z - Z)^2$$

特殊相対性理論でも同じように次の式の平方根を事象 (x, t) と (X, T) の間隔と呼ぶ．

$$(x - X)^2 - (t - T)^2$$

ここで第 2 項の符号が反転していることに注意してほしい．時間は特別扱いなのだ．ここが君の友人ウェルズ氏がしくじった点だ．時間はもう一つの次元だが，

空間的な次元との違いがあるのだ．この後で説明するように，時間と空間をある程度は同じように扱えるんだけどね．いずれにせよ，肝心なのは，傾き45度の世界線上にある二つの事象は，$(x-X)^2 = (t-T)^2$，すなわち，$x-X = t-T$または$x-X = T-t$であり，これらの間隔は0になるということだ．この傾き45度の線をヌル測地線という」

「なるほど，そういうことですか．私もデカルト先生の幾何を勉強しましたから．しかし，この『間隔』は何を表しているのですか」

間隔は移動する観測者にとっての見掛け上の時間の経過の比率を表していると僕は説明した．物体が速く移動すればするほど，時間はゆっくりと経過するように見えるのだ．この効果を時間の遅れという．ヌル測地線に近づく，つまり，移動する速さが光速に近づけば近づくほど，そこでの時間の経過はゆっくりになり，ゼロに近づく．光速で移動することができたとしたら，時間は止まっていることになる．光子においては時間は進まないんだ」

「この理論によれば，時間はなにやら無常なものみたいですね」タイム・トラベラーは，考え込むように言った．

「そのとおり．実際，1911年にポール・ランジュバンは特殊相対性理論の奇妙な特質を指摘した．これは，双子のパラドックスとして知られている．ローゼンクランツとギルデンスターンという双子が地球上で生まれたとしよう．ローゼンクランツは一生地球上にいるが，ギルデンスターンは光速に近い速さで旅立ち，グルッと回ってまた同じ速さで帰ってくる（図7.3）．すると，時間の遅れによって，ギルデンスターンの基準系では（たとえば）6年しか経過していないが，一方，ローゼンクランツの基準系では40年が経過している」

「しかし，どう見ても」とタイム・トラベラーは言った．「二人の状況は完全に対称的です．ギルデンスターンの基準系では，ローゼンクランツのほうが光速に近い速さで旅をしているように見えます．すると，同じ議論によって，歳をとらないのはローゼンクランツのほうです．こんなことがありえるんでしょうか」

「だから，人々はこれをパラドックスだと考えた．だけど，実はそうじゃない．時空図を見ていないからパラドックスに思えるだけなんだ．というのも，双子のどちらを『固定』された基準系にしても関係ないと考えるかもしれない

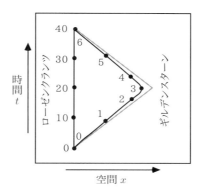

図 7.3　双子のパラドックス

が，実はそうじゃない．ギルデンスターンの移動には（正および負の）加速が含まれているが，ローゼンクランツの移動にはない．そして，これが双子の見掛け上の対称性を崩しているんだ．アインシュタインの理論では，加速度は相対的な量じゃないのさ．前にも言ったように，『相対性理論』というのはとんでもない名前なんだ」

タイム・トラベラーは首を左右にゆっくりと振った．彼が僕の言ったことを信じられないのか，それとも深い知性に打ちのめされているのかはわからなかった．「でも，それは理論上は，ですよね，もちろん」彼は独り言のように言った．「現実はそうじゃないでしょう」

「『理論』には二通りの意味がある」と僕は言った．「一つは，多少仰々しい言い方だが，実は『仮説』だということだ．これは，議論や実験のためにある考えを提案するという意味だ．『単なる理論に過ぎない』という言い方がちょうどこれに相当する．しかし，もう一つの意味は，『どんな不備をも発見できるように設計された厳しい検証試験に長きにわたって耐え抜いてきた主たる概念と結果』という意味だ．これに『に過ぎない』などという言葉を添えて，合理的に退けることなどできない．『… を論破しようとする攻撃に何世紀にもわたり耐え抜いてきた考えに過ぎない』なんておかしいだろう？」

「いいだろう，いずれにせよ，その効果は，20世紀末には原子時計を乗せた

ジャンボ・ジェットで地球をグルッと回ることで確認されたんだ」

「『時計』だけはわかりますが,ほかはおっしゃる意味がわかりません」

「とてつもなく正確な時計を,とても速く空を飛ぶ機械に乗せて地球のまわりを回ったんだ.もちろん,空飛ぶ機械は光に比べればかなり遅いので(予想され,そして),観測された時間の差はごくごくわずかでしかない」

「なんと」とタイム・トラベラーは言った.「空飛ぶ機械ですか?」

「君はタイム・マシンを作ったんだ.そっちを作るほうがはるかに大変だろう.まあ,僕の言うことを信じてくれよ」

「そして,シェイクスピア風に続ければ,『この世の箍(たが)が外れてしまった』ということですね,ハムレット」と彼は付け足した.

「そのとおりだよ.そして,その外れた箍を使えばタイム・マシンを作ることが可能になるはずなんだ」

「まさに私がやったようにですね」

「そうだ.しかし,象牙でできた部品が手に入らないなら,昔ながらの『相対性理論』を使わなければならないということだ.そして,そのためには,アインシュタインが重力をどう捉えたかを理解しなければならない」

タイム・トラベラーは口をポカンと開けて僕を見た.「重力が時間旅行とどんな関係があると言うんです?」

次章につづく…

ウェブサイト

H・G・ウェルズ:

http://en.wikipedia.org/wiki/The_Time_Machine

http://ja.wikipedia.org/wiki/タイムマシン

http://en.wikipedia.org/wiki/H._G._Wells

http://ja.wikipedia.org/wiki/ハーバート・ジョージ・ウェルズ

特殊相対性理論：

http://en.wikipedia.org/wiki/Special_relativity

http://ja.wikipedia.org/wiki/特殊相対性理論

http://en.wikibooks.org/wiki/Special_Relativity

相対論のわかりやすい説明：

http://www.phys.unsw.edu.au/einsteinlight/

双子のパラドックス：

http://en.wikipedia.org/wiki/Twin_paradox

http://ja.wikipedia.org/wiki/双子のパラドックス

http://www.phys.unsw.edu.au/einsteinlight/jw/module4_twin_paradox.htm

8

未来へGO!! 2：いろんな穴

　ここまでの話：タイム・トラベラーがホークローズ・アンド・ペンキング重工学の社屋に現れた．彼のタイム・マシンはひどく壊れていて，象牙がないことには修理は不可能であった．とはいうものの，ホークローズ・アンド・ペンキング重工学ならなんとかなるかもしれない．彼は，光速は一定であるという特殊相対性理論の説明を受けた．

　そして，…

タイム・トラベラーは口をポカンと開けて僕を見た．「重力が時間移動とどんな関係があると言うんですか？」

　「すべてだよ．そう言っても，何のことかわからないのは仕方ないけどね．いいかい，アインシュタインは，一般相対性理論という別の理論も考案したんだ．一般相対性理論は，古典的な重力と一般相対性理論を統合したものなんだ．重力について，ニュートンは何と言ったか知ってるよね？」

　「私もそれなりの教育を受けてますよ．何もなければ質点がたどるであろう一直線の経路から外れさせようとする力です．どのような物質の質点から生じる重力も，その距離の2乗に反比例します」

　「いいだろう．では，それを幾何学的に考えてみよう．重力などのいかなる力も働かなければ，質点の通る経路は測地線になる．これは最短経路，すなわち，2点間の距離が最小となる経路ということだ．同様にして，平坦なミンコフスキー時空では，相対論的な経路によって事象の間隔は最小化される．問題は，どうやって矛盾せずに重力の影響を組み込むかだ．アインシュタインが出した答えは，重力を別の力ではなく，間隔の値を変える時空の構造の歪みと考えることだった．この近くの事象との変化する間隔を時空の計量と呼ぶ．時空が『曲がっている』というと，この感じがわかるかな」

　「何に沿って曲がっているんですか」

　「何かに沿って曲がっているんじゃない．平坦な時空と比べて，それ自体に内在する歪みなんだ．君は，通常のユークリッド空間が「何に沿って平坦なのか」などと問わないだろう．この曲率は，物理的には重力の大きさだと解釈し，光円錐も変形してしまうんだ．その結果が『重力レンズ』で，質量によって光が曲がる．これは，アインシュタインが1911年に発見し，1915年に発表した．その効果は，日蝕の際に初めて観測された．最近では，遠くにあるクエーサー，すなわち非常に強力でとても遠くにある天体が，望遠鏡で何個にも見えるということも発見された．それは，途中にある銀河によって光が曲げられているからなんだ」

　この考えを，星の近くの時空の空間的断面を使って図8.1に示した．（この図は，実質的には時間に関して「ある瞬間」を表しているが，実際にはもっと専門的な記述を要する．なぜなら，相対論的効果によって，離れた場所では「あ

8 未来へ GO!! 2：いろんな穴　87

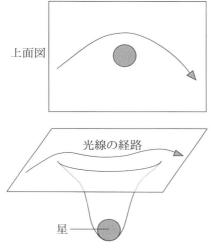

図 8.1　重力によって曲がる光

る瞬間」は意味をなさないからである．）時空は，星のある場所に円形の谷を形成するように下に落ち込んだ曲面として表されている．この時空の構造は静的，すなわち時間が経過しても同じ状態のままだ．曲面を横断する測地線に沿って進む光は，この穴に引き寄せられる．なぜなら，そこを通るほうが近道だからである．光に近い速度で時空を移動する質点も同じように振る舞う．この図を上方から見下ろせば，質点はもはや直線に沿って進まず，星に引き寄せられている．重力を古典的に描写するとこんなふうになる．

「星から十分に遠いところでは」と僕はタイム・トラベラーに言った．「この時空は，ミンコフスキー時空にかなり近い構造になっている．これは，遠ざかるにつれて重力の影響は急激に弱まり，すぐに無視できるほどになるからだ．はるか遠くではミンコフスキー時空のようになる時空を，漸近的に平坦という．この言葉は覚えておいてほしい．タイム・マシンを作る際に重要だから．われわれの宇宙の大部分は漸近的に平坦なんだ．なぜなら，星のように非常に重い物体は，とてもまばらに散らばっているからね」

タイム・トラベラーは，この話を噛みしめていた．「すると，時空を好きな形

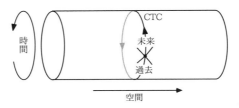

図 8.2　CTC をもつ時空の簡単な例

にできるということでしょうか．時空は，信じがたいほどの柔軟性があるように思えるので」

「いや．時空を構成するときに，それを好きなように曲げることはできない．時空の計量はアインシュタイン方程式に従わなければならないからだ．この方程式は，自由に移動する質点の動きを『平坦』なミンコフスキー時空からの歪み具合と結びつけているんだ」

「なるほど，時空の中の質量の分布と時空そのものの構造の間に関連があるんですね．あたかも物質がその時空を生みだし，形作るように」

「理解がとても早いね．アインシュタインは何年もかかったのに．いずれにしろ，これで，20 世紀の物理学者が一般相対性理論の枠組みで『タイム・マシン』をどう捉えたか説明できる」これにタイム・トラベラーが食いついてきたのがわかった．彼は，もはや落ち着いて話を聞いていられる状態ではなかった．「タイム・マシンは質点や物質をその過去に送り返す．したがって，時間的曲線であるその世界線は，輪になって閉じていなければならない．すなわち，タイム・マシンというのは，閉じた時間的曲線であり，これを CTC（Closed Timelike Curve）と略記する．そして，『時間旅行は可能か』ではなく，『CTC は存在しうるか』と問うことにする」

タイム・トラベラーはそわそわした様子で前屈みになり，目を細めた．「そして，その答えは」

「そう，平坦なミンコフスキー時空では，それは存在しえない．前向きと後ろ向きの光円錐，すなわち事象の未来と過去はけっして交わることはないからね．しかし，別の種類の時空では交わりうる．そのもっとも単純な例は，ミンコフスキー時空を丸めて筒状にしたものだ（図 8.2）．こうすると，時間座標は

環状になる」

「それは，ヒンズー教の言い伝えのように，歴史は果てしなく繰り返すということでしょうか」

「ある意味ではね．時空は繰り返す．しかし，歴史に何が起こるかは，自由意志が働いていると考えるかどうかによる．これは微妙な問題で，アインシュタイン方程式では扱えないんだ．アインシュタイン方程式は，時空の大まかな全体的構造だけしか決めないから」

「筒状の時空は曲がっているように見えるが，重力という観点から見ると，その時空は実際には曲がっていない．一枚の紙を丸めて円筒形にしても，それは歪曲してはない．もう一度その紙を広げると，紙には折り目も皺もない．その表面に閉じ込められた人は，円筒に沿ってグルッと回ってみない限りは，それが曲げられたことに気づかないだろう．なぜなら，その表面上の距離は変わっていないからだ．変化したのは，時空の大域的な形状，すなわち全体的な位相幾何学的構造なんだ」

タイム・トラベラーはため息をついた．「なんと，また新しい言葉ですね」

「位相幾何学は，柔軟性に関する幾何学だ．それは，形状を連続的に変形しても保存される形状の性質を研究する学問なんだ．たとえば，穴があるかどうかとか，結ばれているかどうかなどがそういう性質だ」

「ああ，私たちの時代には，それは位置解析，すなわち配置の解析学と呼ばれていました．それは，新しい学問で，知っているのはごく少数の数学の専門家だけでした」

「そう，今やそれは非常に古くからのれっきとした学問で，子供たちも培養槽から出てくるときにはみんな知っているよ．ミンコフスキー時空を丸めるのは，すでにある時空から新しい時空を構成するための強力な位相幾何学的手法である『切り貼り』の一例だ．すでにある時空の一部を切り取って，それらの計量を歪ませずに貼り合わせることができれば，その結果もまた時空になりうるんだ」

「それは，もちろん，喩えで言ってるんですよね」

「まあ，最近までは君の言うとおりだった．だが，ホークローズ・アンド・ペンキングが『重工学』の看板を掲げたとき，それはまさにとてつもなく重いも

のを扱うと宣言したのだ．しかし，話が少々先に進んでしまったね」

「私のように」とタイム・トラベラーは真顔で言った．僕は社交辞令で笑ったが，タイム・トラベラーの立場を考えれば，わずかばかりの冗談でさえ痛ましかった．

「『曲がる』と言わずに『計量が歪む』と言ったのは，まさしく丸められたミンコフスキー時空は曲がっていないと言ったことによる．外部から時空を眺めたときの見かけ上の曲率ではなく，その時空に住んでいる人が体感する本質的な曲率について述べているんだ．このように見かけ上で曲がっているのは『無害』，すなわち，実際には計量を変えるものではない．ここで，丸められたミンコフスキー時空は，アインシュタイン方程式に従う時空でもCTCが存在でき，時間旅行が現在知られている物理学と矛盾しないことをとても簡単に証明している．しかし，だからといって，時間旅行は可能だとは言いきれないんだ」

「そうですね．数学的に存在可能と物理的に実現可能には大きな違いがありますからね」

鋭いやつだな，おみそれしたよ．「そう，時空がアインシュタイン方程式に従うならば，数学的に存在可能だ．そして，われわれの宇宙の一部として存在できる，あるいは構成しえるならば，物理的に実現可能だ．わが社の役割はここにある．君には残念なことだが，丸めたミンコフスキー時空が物理的に実現可能だということを支持する理由はない．この宇宙がすでに環になった時間になっているのでなければ，それをこんな形に改造するのはおそらく無理だろう．CTCがあり，物理的に実現可能な時空を探すというのは，もっと見込みのある位相幾何学的構造を探すということだ．数学的には数多くの位相幾何学的構造がありうるけど，アイルランド人に道を尋ねるようなもので，すべての方向に進むなんてできないからね」

「しかしながら，とくに興味深い時空がいくつかある．古典的なニュートン力学では，移動する物体の速度に上限はない．質点は，それを引き寄せる質量の重力がいかに強かろうと，それ相応の脱出速度よりも速く動くことで，そこから抜け出すことができる．ジョン・ミッチェルは，1783年にロンドン王立協会に提出した論文で，このことと光速が有限であることを組み合わせると，十分大きな質量をもつ物体では，その脱出速度が光速より速ければ光でさえ放出

されないことになると考察した．ピエール・シモン・ド・ラプラスも，1796 年に *Exposition du Système du Monde* で同じ説を唱えた．彼らは，星よりも大きい真っ暗で巨大な物体がいくつもこの宇宙に散在しうると考えたのだ」

「なんとも奇妙な発想ですね」

「まさにそのとおりだ．彼らは，時代に 1 世紀以上も先駆けていたのだ．カール・シュヴァルツシルトは，1915 年に一般相対性理論のもとで同様の問題を考え，その答えに向けた一歩を踏み出した．彼は，孤立した質量をもつ球のまわりの重力場に対するアインシュタイン方程式を解いたのだ．彼の解は，球の中心からある臨界距離において非常に奇妙な振る舞いをしていた．この臨界距離は，今やシュヴァルツシルト半径と呼ばれている．これが発見されたとき，空間と時間はその本性を失い，したがって無意味になるということが，シュヴァルツシルトの解の意味するところだと考えられていた．しかし，シュヴァルツシルト半径は，太陽ほどの質量ならば 2 キロ，地球ならば 1 センチなので，何か興味深いことが起きているかどうかを調べるには，とても深く掘らなければならなかった．そのシュヴァルツシルト半径の内側に入ってしまうような高密度の星では何が起こるのだろうか．それは誰にもわからなかった」

「そして，1939 年，ロバート・オッペンハイマーとハートランド・スナイダーは，そのような星はそれ自身の重力で潰れてしまうことを示した．なんと，時空のある部分がまるごと潰れて，いかなる物質もそこから抜け出すことができない領域を形成する．光でさえ，そこから抜け出すことができないんだ．ワクワクするような新しい物理的概念の誕生だね．1967 年に，ジョン・アーチバルド・ホイーラーがブラックホールという語を作り，この新しい概念に名前をつけたんだ」

静的，すなわち回転しないブラックホールの時間に沿った発展を図 8.3 に示す．この図では，空間は 2 次元で表現し，時間は下から上へと垂直に流れるものとする．最初は放射状に対称に分布していた物質（網掛けの円）が，シュヴァルツシルト半径まで縮むと，さらに縮みつづけて，有限時間ののちにすべての物質は一点へと崩壊する．この点が特異点である．外部から見ると，検出できるのはシュヴァルツシルト半径にある事象の地平面だけである．事象の地平面は，光が脱出できる領域と外部からは永遠に観測不能な領域の境界である．事

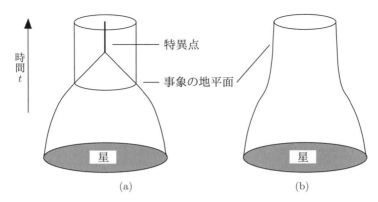

図 8.3　(a) 崩壊する質量の表面にいる観測者から見たブラックホールの形成，(b) 外部の観測者から見たブラックホールの形成

象の地平面の内側には，ブラックホールが潜んでいる．

図 8.3a は，星の表面にいる想像上の観測者から見た事象の推移である．そして，時間座標 t は，そのような観測者にとっての時間である．この星の崩壊を外部から見ていたとすると，星がシュヴァルツシルト半径に向かって縮んでいくのを見ることになるが，けっしてシュヴァルツシルト半径に達するところを見ることはない．星が縮むに従って，外部から見た崩壊の速度は光速に近づき，その相対論的な時間の遅れによって，外部の観測者から見ると崩壊全体は無限に長い時間がかかるのだ（図 8.3b）．しかしながら，星から放出された光が波長分布の赤色のほうにどんどん偏移していくのがわかる．ブラックホールの内側では，空間と時間の役割が逆転する．外部の世界では時間が進むのは止められないように，ブラックホールの内部では空間が縮むのを止めることはできない．

「ここで，工学の出番になる」と僕は言った．「ホークローズ・アンド・ペンキングは，量子泡拡張から不可能性計算まで，必要となる一連の技術を開発した．ブラックホールの時空構造は漸近的に平坦，すなわち，広い範囲で見ればミンコフスキー時空とみなせるので，われわれの宇宙のように適度の大きさの漸近的に平坦な領域がある宇宙ならば，その時空にブラックホールを切り貼りできるんだ．これによって，ブラックホールの時空構造が，われわれの宇宙でも物理的に実現可能になる．もちろん，重力崩壊の現象も，一層これを実現可能

なものにしている．中性子星や銀河の中心などの十分大きな物質が集中しているところから始めるしかないけどね．これが，重工学の意味するところさ．31世紀の技術はブラックホールを作ることを可能にした．それには，重力捕捉と耐久型レーザー圧縮機で主に中性子星を改造した物質加工機を使う」

「しかし，静的なブラックホールに CTC はない．つぎは，アインシュタイン方程式が時間に関して可逆だということを使う．すなわち，そのすべての解に対して，時間だけを逆向きにした別の解があるということだ．ブラックホールの時間を逆転させたのがホワイトホールで，それは図 8.3 の上下を逆転したようなものになる．通常の事象の地平面は，いかなる質点もそこから脱出できない限界だ．時間を逆転させた事象の地平面は，いかなる質点もそこへは落ちることのできない限界だが，そこから質点がときおり放出される．したがって，外部から見ていると，時間を逆転させた事象の地平面から星 1 個分の物質が突然現れたかのように見えるんだ」

「ホワイトホールの内側の特異点がどうして突如として星を吐き出すことになるんですか．太古の昔から何も変わりはないのに」タイム・トラベラーは疑問を投じた．

「いい質問だ．最初に物質が十分に高密度に集中していれば，それが崩壊することは理にかなっていて，これがブラックホールになる．しかし，これを逆にすると，因果律に反する．もちろん，そのとおりだが，原因がわれわれの宇宙の外側にあるならば，その結果がどうなるかはわからない．ホワイトホールが数学的に存在可能だということを受け入れるなら，それらもまた漸近的に平坦であることに注意しよう．したがって，ホワイトホールの作り方がわかれば，われわれの宇宙にそれをうまく貼り付けることができる．ホークローズ・アンド・ペンキングは，不確定性原理に基づいて，効率よくそれをやる方法を開発したばかりだ．ハイゼンベルク増幅器を使って物質の位置を不確定にして，それが完全に通常の宇宙の外にあるようにしたら，時間鏡像投影機を起動して逆転させた時間の中ですべてのことを起こすんだ．その系では，物質がどの時間枠に含まれているのかわからないからね」

「それだけじゃない．ブラックホールとホワイトホールをひとつに貼り合わせることができる．それらの事象の地平面に沿って宇宙メスで切り，それらの

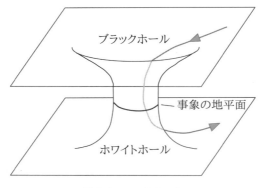

図 8.4 ワームホール

縁を冷たい暗黒物質で貼り合せるんだ」僕はタイム・トラベラーのうつろな表情を無視して続けた．「貼り合わせた結果，もっと正確に言えば，そのある瞬間の空間的断面図は，図 8.4 のような一種の管になる．物質は，この管のブラックホールからホワイトホールへと向かう向きにだけ通り抜けることができる．これは，物質が流れる一種の弁なんだ．時間的曲線に沿って動くことでこの弁を通過することができる．なぜなら，物質粒子は言うまでもなく時間的曲線をたどることができるからね」

「図 8.4 において，管の両端の位相幾何学的構造は漸近的に平坦なので，管の端はどんな時空の漸近的に平坦な領域にも貼り付けることができる．一方の端をわれわれの宇宙に貼り付け，もう一方の端をどこか別の宇宙に貼り付けることもできる．あるいは，両端をわれわれの宇宙の好きな場所（ただし，物質が集中している近くは除く）に貼り付けてもよい．これで，ワームホールのできあがりだ」

「ホークローズ・アンド・ペンキングは，宇宙一みごとなワームホールを作ることができる」僕は誇らしげに言った．「これをワームホールと呼ぶのは，蛆虫がリンゴに掘った穴みたいだからだ．だが今の場合，リンゴは，そう，時空というより，むしろ時空でない何かなんだ」ワームホールの概略を図 8.5 に示す．ただし，ワームホールの中の距離は非常に短いが，通常の時空における二つの穴の間の距離はいくらでも大きくできることに注意してほしい．

8 未来へ GO!! 2：いろんな穴　95

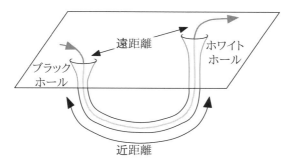

図 8.5　ワームホールを物質転送機として使う．（この図では，通常空間の中に絵を描いているので，ワームホールの長さは誇張されている．実際には，その両端が「通常」の時空では遠く離れていても，ワームホールは非常に短い．なぜなら，その距離はワームホールの中の時空に固有の量だからだ．）

「わかりました．ワームホールは，宇宙の抜け道ということですね」

「そうだ」と僕は言った．「しかし，ワームホールは物質転送機であって，時間旅行をしているわけではない」

「ですが，時間旅行と何らかの関係があるのですよね」タイム・トラベラーは急かすように言った．彼の指は震えていた．

「ああ」と僕は言った．「それは …」

次章につづく …

ウェブサイト

ブラックホール：

  http://en.wikipedia.org/wiki/Black_hole

  http://ja.wikipedia.org/wiki/ブラックホール

  http://hubblesite.org/explore_astronomy/black_holes/
    home.html

http://cosmology.berkeley.edu/Education/BHfaq.html

ホワイトホール：

http://casa.colorado.edu/~ajsh/schww.html

http://en.wikipedia.org/wiki/White_hole

http://ja.wikipedia.org/wiki/ホワイトホール

http://en.wikipedia.org/wiki/White_Hole_(Red_Dwarf_episode)

ワームホール：

http://en.wikipedia.org/wiki/Wormhole

http://ja.wikipedia.org/wiki/ワームホール

http://casa.colorado.edu/~ajsh/schww.html

http://webfiles.uci.edu/erodrigo/www/WormholeFAQ.html

9
未来へGO!! 3：過去への帰還（利息つき）

　ここまでの話：相対性理論においては，「タイム・マシン」は「閉じた時間的曲線（CTC）」と考えることができる．これまでに知られている物理法則で，CTCの存在を否定するようなものはない．ホークローズ・アンド・ペンキングは，ブラックホールとホワイトホールをひとつに貼り合わせてワームホールを作ることができる．しかし，これは物質転送機であって，時間旅行をしているわけではない．では，どうすれば？　それは，…

ひらめきに期待して，ワームホールの図（第 8 章の図 8.5）から話を始めよう．「ご存知のように」と僕はタイム・トラベラーに言った．「時間旅行は理論的に不可能，はっきり言えば矛盾していると考える人たちもいる」
　「それは昔から言われている『祖父のパラドックス』のことですか」
　「ああ，昔々，あるところにおじいさんと …，いや，失敬，そうじゃなかった」
　「私のタイム・マシンに対して，まさにこのような異を唱えた人たちがいました」
　「そうだ．その考えは，ルネ・バルジャヴェルの Le Voyageur Imprudent という小説にまで遡る．過去に戻って自分の祖父を殺したら，君の父は生まれないから，君もまた生まれない．したがって，君は過去に戻って自分の祖父を殺すことはできない …」
　「祖父を殺さないならば，私は生まれ，したがって，祖父を殺すことになり，したがって …」
　「そのとおり」
　「タイム・マシンを作った後で，やっとこの反論を真剣に受け止めるようになりました」とタイム・トラベラーは言った．「人々がこう尋ねたことに驚きましたが …，しかし，私は年取った紳士はどちらかといえば好きでしたからね」
　「祖父を殺そうなどと考えることすらしないほうがいいけど」と僕は言った．「量子力学を使ってそれを考えれば，そんな問題は存在しないとすぐにわかるだろうね」
　「ナニ力学ですって？」
　「量子力学だよ．君らの時代には，まだ目新しかったね．物質の物理学の基礎となる量子の振る舞いは，不確定なんだ．多くの事象，たとえば放射性元素の崩壊などは，確率的だ．この不確定性を数学的に成り立たせる一つの方法は，ヒュー・エヴェレット Jr. が考案した『多世界』解釈だ．この宇宙をこういうふうに考えるのは，空想科学小説の読者にはお馴染みの話だ．われわれの世界は，無限にある『平行世界』の一つにすぎない．可能なことのすべての組合せがどこかの平行世界で起きているんだ．1991 年にデビッド・ドイチェは，多世界解釈の結果として，量子力学が『自由意志』を妨げるものではないことに気づいた．さらに，祖父が殺される（あるいは殺された）のは元の世界ではなく

別の平行世界だとすることで，祖父殺しでパラドックスを生じさせないというのも，空想科学小説でよく使われる手口だ」

タイム・トラベラーは，しばらくの間，このことを嚙みしめていた．「心配なのは」と彼は言った．「私が元の時代に戻ったとき，別の平行宇宙に移っていないかどうすればわかるかです」

「心配しなくていいよ」と僕は言った．「多世界解釈によれば，何をするにしても，君を構成する原子はその量子状態を変えるかどうかを選択している．大雑把に言えば，これが常に起きているんだ．その状態を選ぶことで，君はある瞬間にいる世界からそれに平行な世界へと絶え間なく乗り換えているんだ」

「あなたは私を安心させようとしているのでしょうが，率直に言って，あまりうまくいってませんね」

僕は，彼の言ったことをほとんど聞いていなかった．頭の中にあるアイデアが湧いてきた．僕の潜在意識が何かを言わせようとしているのを感じた．しかし，タイム・トラベラーは元の世界に帰る方法を見つけようと躍起になっていたので，じっくり腰を落ち着けてそれを意識的に考えるところまでいかなかった．

「この量子力学の問題は置いておいて」とタイム・トラベラーは言った．「単純な質問に立ち戻りませんか．ワームホールとタイム・マシンにはどんな関係があるんですか」

もちろん！ これが，潜在意識が言わせようとしていたことか．いや，ちがう．それには何かお金が絡んでいるような奇妙な感じがした．

「たしかに」と僕は言った．「1988年に，マイケル・モリス，キップ・ソーン，ウルヴィ・ユルツェヴァーは，ワームホールと双子のパラドックスを組み合わせるとCTCが得られることに気づいたんだ．君に聞かれるまで，すっかり忘れていたよ．そのアイデアというのは，ワームホールの出口を固定しておき，入口を光速に近い速さで（ジグザクに行ったり来たり）移動させるというものだ」

これでどのようにして時間旅行ができるかを，図9.1に示した．ワームホールの出口（ホワイトホール）はずっと固定されていて，時間は，番号で示したように通常の進み方をする．入口（ブラックホール）は，光速より少し遅い速さでジグザグに行ったり来たりする．したがって，時間の遅れの効果によって，

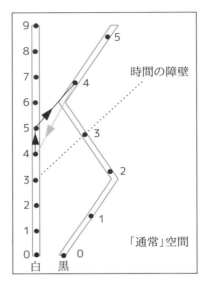

図 9.1　ワームホールをタイム・マシンに変える

　その端とともに移動する観測者にとって時間はゆっくりと進む．ワームホールの両端にいる観測者にとっての時刻が同じである点どうしを通常空間の中で結ぶ世界線を考える．それは，図の同じ番号の点どうしを結ぶ直線である．最初，この直線の傾きは 45 度より小さいので，時間的ではなく，物質粒子がそれに沿って進むことはできない．しかし，ある時点（この図では時刻 3 のとき）で，この直線の傾きは 45 度になる．この「時間の障壁」を越えた後は，通常空間の中で時間的曲線に沿ってワームホールの白い端から黒い端に移動することができる．その一例として，ワームホールの白い端の点 5 から黒い端の点 4 に進む世界線を考える．そうすると，ワームホールの中を今度も時間的曲線に沿って帰ってくることができる．そして，非常に短い時間でこのワームホールを通り抜けることができるので，黒い端の点 4 から対応する白い端の点 4 へと実質的に一瞬で移動できる．そこは，最初に出発したのと同じ場所だが，時間は 1 年前なのだ！　これで時間の中を移動したことになる．そして，1 年待てば，出発したのと同じ場所，同じ時間になって，見事 CTC が完成する．ただし，ワー

9　未来へ GO!! 3：過去への帰還（利息つき）

ムホールの対応する「端」は，ミンコフスキー空間で同じ t 座標をもつのではない．図に番号で示したように，それぞれの端といっしょに移動している観測者にとっての「経過時間」が同じなのである．

　自宅で自分のワームホールを作ることもできる．プラスチック製のゴミ入れをもってきて，その底を切り取る．こちらの端を固定し，向こう端は時間がゆっくりと進むように光速に近い速さで行き来していると想像してほしい．その袋の向こう端が近づいてきたら，そこに向かって進む．その袋の端に到着したとき，そこは過去である．そして，その袋を通り抜ければ，時間を遡って移動できるだろう．

　想像力豊かな読者ならば，これで十分だろう．

　通常の空間で移動しなければならない実際の距離はそれほど大きくなくてもよい．それは，ジグザグの経路のそれぞれの区間をワームホールの一端がどれほど遠くまで動くのかによる．空間が 2 次元以上であれば，この経路はジグザクではなく螺旋状になり，したがって，黒い端は光速に近い速度で環状の軌道を描くことになる．これは，ブラックホールの連星を用意して，それら全体の重心を中心として高速で回転させることで実現できる．

　「出発地点がより遠くの未来であるほど，その点からより遠くの過去に移動することができる」と僕はタイム・トラベラーに言った．

　「すばらしい！　必要なら何年でも待ちますよ」

　「だけど」と僕は言った．「これには，重大な問題点があるんだ．時間の障壁はワームホールを作った後のある時点に生じるが，時間の障壁を越えて過去に戻ることはできないんだ．つまり，君が元いた時代に戻れる望みはないということだ」彼は失望の色を浮かべた．それは僕も同じだ．やがて，僕の潜在意識が何を言わせようとしているのかわかった．それには，お金が絡んでいる．だが，それについても同じ問題点に悩まされるのだ．

　「また別の問題もある」と僕は言った．「ホークローズ・アンド・ペンキングの調査開発部門はこれに取り組んでいるが，まだ研究室での試作しかできていないんだ．問題は，こんな装置を本当につくることができるのか，本当にワームホールを通り抜けることができるのかだ．われわれは間違いなくワームホールを作れるし，その端をあちこちに移動させることもできる．それは，単に強

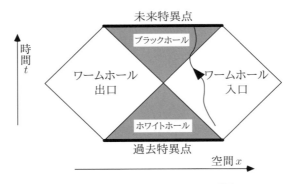

図 9.2　ワームホールのペンローズ図

力な重力場を作ればいいだけだから，われわれの得意とするところだ」

「しかし，一番悩ましいのは，『キャットフラップ[訳註 1]効果』と呼ばれる問題だ．物質をワームホールの中を通過させると，ワームホールはすぐに閉じてしまう．尻尾をはさまれないように通りぬけるためには，光よりも速く移動しなければならないことがわかっているので，使い物にならないんだ」

「なぜですか」

「それは，20 世紀の数理物理学者ロジャー・ペンローズが考案したペンローズ図で時空の構造を表現するとよくわかる．地球の地図を平らな紙に描くとき，経線を曲げたりするように，座標を歪めなければならない．時空のペンローズ図もまた，座標を歪めている．しかし，光円錐はそのまま，すなわち，45 度の角度で広がるようになっているんだ．ワームホールのペンローズ図を，図 9.2 に示した．図中のクネクネした線のようにワームホールの入口から始まるどのような時間的曲線も，未来特異点を通過しなければならない．出口にたどり着くには光速を越えなければならないんだ」

「しかし，それは不可能だとおっしゃいましたよね」とタイム・トラベラーは言った．

「いや，そうは言っていない．われわれは，ワームホールをエキゾチック物質で細切れにして，引き伸ばされたバネのように巨大な負の圧力を加えること

[訳註 1] 猫が自由に通り抜けられる，ドアの下部に設けた扉付きの出入口．

9 未来へ GO!! 3：過去への帰還（利息つき）

で，この問題を回避できるのではないかと期待している．しかし，1991 年にマット・ヴィザーがワームホールの扱いやすい別の幾何学的構造を示したので，エキゾチック物質のよい供給源が見つかり次第，そちらを試してみるつもりだ．そのアイデアは，空間から同一の立方体を二つ切り出して，それらの対応する面を貼り合わせるというものだ．そして，この立方体の縁をエキゾチック物質で補強するんだ」

「なんだか，ややこしそうですね」とタイム・トラベラーは言った．

「たしかにね．だが，複雑なものをうまく動かす，これこそが技術者の腕の見せどころさ．しかし，エキゾチック物質を必要としないような旧式のやり方もある．これはワームホールを組み上げることもないので，時間の障壁の問題も生じない．したがって，好きな時代に戻ることができるんだ．考え方次第では」運がよければ，大金も‥‥．

「話についていけません」僕の楽しい妄想を遮って，タイム・トラベラーは言った．

「僕が言っているのは，自然に生じるタイム・マシンを使うということさ．それは，回転する星が重力崩壊してできる回転ブラックホールだ．アインシュタイン方程式のシュヴァルツシルト解は，回転しない星の重力崩壊で作られる静的なブラックホールに対応している．1962 年に，ロイ・カーは，回転ブラックホールに対してアインシュタイン方程式を解いた．それで，回転ブラックホールは今やカー・ブラックホールと呼ばれている．（ブラックホールにはあと 2 種類ある．それは，電荷をもつ静的なレイズナー・ノルドシュトゥル・ブラックホールと，電荷をもって回転するカー・ノイマン・ブラックホールだ．）明示的な解が存在すること自体が奇跡に近いが，それをカーが見つけられたというのは奇跡以外のなにものでもない．それは，非常に複雑で，自明というにはまったく程遠い．しかし，そこから注目に値する結果が得られる」

「その一つは，このブラックホールの内部の特異点はもはや点状ではないということだ．このブラックホールは，その回転面上に環状の特異点をもつ（図9.3）．静的なブラックホールでは，すべての物質は特異点に引き寄せられるが，回転ブラックホールでは，そうとは限らない．赤道面上を移動することもできるし，特異点の輪を通り抜けることもできる．また，事象の地平面も単純ではな

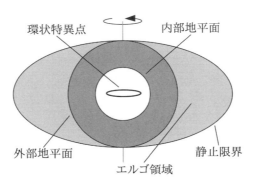

図 9.3 　回転ブラックホールの断面

い．実際には，それは二つに分かれている．外部地平面を通り抜けた電磁波や物質は，二度と外に戻ることはできない．特異点自体から放出された電磁波や物質は，内部地平面を越えて移動することはできない．それらのさらに外側に，両極で外部地平面に接する静止限界がある．静止限界の外側では，質点は自由に動くことができる．その内側では，ブラックホールと同じ向きに回転しなければならないが，半径方向に移動することで脱出することができる．静止限界と外部地平面の間には，エルゴ領域がある．エルゴ領域に打ち込んだ弾丸が二つに分かれて，一方はブラックホールに捕まり，もう一方は脱出するようにすると，ブラックホールの回転エネルギーの一部を利用することができるんだ」

「しかしながら，もっとも注目すべきは，カー・ブラックホールのペンローズ図は，図 9.4 のようになるということだ．白い斜めの正方形は，漸近的に平坦な時空の領域を表す．そのうちの一つはわれわれの宇宙にあるが，残りはそうでなくてもよい．分断された線分で表される（環状の）特異点は，それを通り抜けることが可能であることを示している．この特異点を越えたところには，距離は負の値になり物質は他の物質と反発し合う反重力宇宙が広がる．この領域に入ったいかなる物体も，特異点から無限遠の彼方に飛ばされてしまう．物理法則に従った（すなわち，光速を越えない）いくつかの軌跡を曲線として図に示した．これらは，ワームホールを通り抜け，いくつかの出口のいずれかに達することになる．しかしながら，もっとも注目に値するのは，これが全体の

9 未来へ GO!! 3：過去への帰還（利息つき） 105

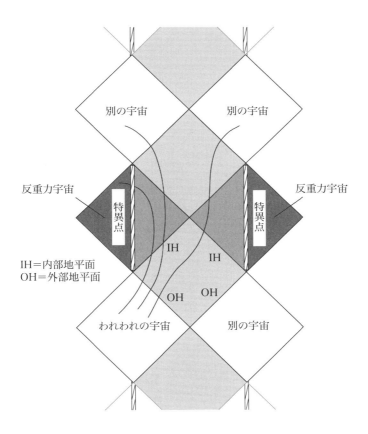

図 9.4 回転ブラックホールのペンローズ図

ごく一部分だということだ．このパターンは垂直方向に限りなく繰り返し，無限個の入口と出口をもちえるんだ」

「ワームホールの代わりに回転ブラックホールを使い，ホークローズ・アンド・ペンキング社製の物質処理装置でその入口と出口を光速に近い速さで引っ張りまわすと，これまでよりもかなり現実的なタイム・マシンが得られるはずだ．これであれば，特異点に飛び込まずに乗りきることができる」

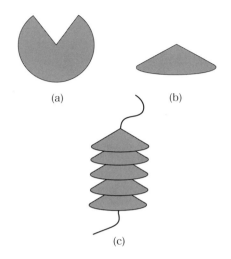

図 9.5 (a) 宇宙ひもの空間構造 (展開図),(b) 切り取られた扇型の切り口を同一視した円錐,(c) 空間の次元をもう一つ増やす

　タイム・トラベラーは嬉しそうに揉み手をした.「それなら,すぐに元の時代に戻れそうですね.さあ,私の機械の残骸を集めて,帰り支度をしましょう」

　「そう慌てずに」と僕は言った.「計算機で確認してみよう.おや,困ったな.手近に回転ブラックホールが一つもない.一つは今作っている最中だが,労働組合がストライキをしていて,まだできあがっていないんだ」タイム・トラベラーは,ひどくがっかりしたようだった.それは,僕も同じだ.待てよ,この前の晩に,仮想現実ハイパーメディア・システムで見ていたのは何だったっけ.そう,これだ!「いい考えがある.できたてのホヤホヤだ.カー・ブラックホールを制御したいのでなければ,もっと単純な種類の特異点でよしとしよう.それは,宇宙ひもだ.これは静的な時空で,時間の経過によって空間的断面は変化しないんだ」

　2次元平面を使うと,宇宙ひもを見やすい形で説明することができる.その平面に楔状の切り込みを入れ,その切り口を一つに貼り合わせる (図 9.5a).これを紙で作ったとしたら,図 9.5b のような尖った円錐になるだろう.しかし,数学的には,平面を曲げることなく,切り口の対応する辺を同一視しているに

すぎない．時間座標は，ミンコフスキー時空での時間座標と同じようになっている．（そして，光円錐の正しい形は，実際に円錐を作るのではなく，切り口の辺を同一視することで得られる．）3番めの空間座標をもち込んで垂直方向に重なるすべての断面で同じように円錐を作れば，線状の塊ができあがる．これで，本格的な宇宙ひもの完成だ．その模型を作るのであれば，同じ大きさの円錐をたくさん用意して，それらに，そう，ひもを通せばよい（図 9.5c）．ただし，それぞれの円錐は，実際の時空のある瞬間の断面であるということを記憶にとどめておいてほしい．

「時空としては，宇宙ひもをどう物理的に解釈すればよいのか，まだよくわからないのですが」とタイム・トラベラーは言った．

「そうだね，宇宙ひもは，基本的には切り取られた扇型の角度に比例する巨大な質量と思えばいい．しかし，通常の質量と同じように振る舞うわけではない．円錐の頂点以外の空間は，局所的にはどこもミンコフスキー時空と同じように平坦だ．現実の円錐がもつ見かけ上の曲率は『無害』である．しかし，宇宙ひもは，質点の通り道である測地線の構造に広い範囲で影響を与えることで，時空の幾何学的構造を大域的に変化させる．たとえば，宇宙ひもを通過する物質や光は重力レンズの影響を受ける」

「遠くにある銀河がクエーサーからの光を曲げるみたいに？」

「まさにそうだ．さて，宇宙ひもは，いくつかの点でワームホールと似ている．なぜなら，切り取られたミンコフスキー時空の楔状部分を数学的な貼り合わせによって『跳び越え』られるんだからね．かつて J・リチャード・ゴットは 1991 年に，この類似性を利用してタイム・マシンを構成した．もっと正確に言えば，ゴットは，光速に近い速さで互いにすれ違う二つの宇宙紐によって作られる時空は CTC を含むことを示した．図 9.6 のような対称的に配置された二つの静的な宇宙ひもを考える．この図は，これまでと同じように，ある瞬間の空間的断面を表している．ここには，時間座標は現れない．書き表すとしたら，それは紙面に垂直な方向に伸びることになる．

「『貼り合わせ』によって，点 P と P* を同一視し，同様に点 Q と Q* を同一視する．すると，この図には点 A と B を結ぶ 3 本の測地線がある．それは，水平線 AB，直線 APP*B，そして，それと対称的な位置にある直線 AQQ*B だ．

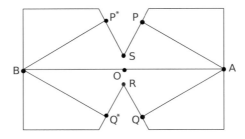

図 9.6　二つの宇宙ひも（わかりやすいように切り開いて平面にしたもの）

　これで，宇宙ひもによる重力レンズ効果を説明できる．点 B にいる観測者からは，三つの測地線それぞれの方向に A の複製が見える」

　「ゴットの計算によれば，二つの宇宙ひもを互いに十分接近させると，光はほかの二つの経路より経路 AB を通るほうが時間がかかることがわかる．このことから，重要な結論が導かれる．質点を過去の時刻 T に A 地点を出発させると，未来の時刻 T に B 地点に到着することになる．これらの事象をそれぞれ A（過去），B（未来）と呼ぶことにする．ここでひも S をすばやく右方向に，ひも R をすばやく左方向に動かすことができたならば，静止した観測者の基準系では時間の遅れによって A（過去）と B（未来）は同時になる」

　「したがって，所要の CTC を構成するには，質点を A（過去）から B（未来）へは PP* を経由して移動させ，それとは対称的に，B（未来）から A（過去）へは QQ* を経由して戻せばよい．ゴットの計算によれば，これらの宇宙ひもを光速に近い速さで移動させれば，CTC が存在することになる．数学的にはね」

　タイム・トラベラーは困惑し，険しい表情になった．「その手の話には，もう慣れてきましたよ．その筋書きは物理的に実現可能なのでしょうか」

　「そうだね…，1992 年にシーン・キャロル，エドワード・ファーヒ，アラン・グースは，この宇宙にはゴットのタイム・マシンを作れるだけのエネルギーはないことを証明した．もっと正確に言えば，静的な粒子の崩壊生成物からそのようなエネルギーを取り出せるほどの物質はこの宇宙にないということだ」

　「それでは，またしても，この未来の時代に永遠に囚われたままということですか」

「必ずしもそういうわけではない．十分に強力な新しいエネルギー源さえ開発できればね．しかし，まだそういったものは具体化していなさそうだ．しかしながら，われわれの宇宙における銀河の分布を調べると，非常に大きな規模の塊になっていて，何億光年もの大きさになっていることがわかった．既知の物質から引力によって作り出された非常に大きな塊なんだ」

「そうだとすると？」

「一つの説は，その塊は自然に発生した宇宙ひもによってまかれた種から生じたということだ．ホークローズ・アンド・ペンキングのデータバンクに自然に発生した宇宙ひもの残骸の座標が記録されていて，君をそこに転送するワームホールがあれば，元の時代に送り返せるかもしれない」そして，僕もひと儲けを…

「そうすると，ホークローズ・アンド・ペンキングのどんな工学技術をしても，母なる自然には太刀打ちできないということですね」

「宇宙ひもにたどり着くには，われわれのワームホールが必要だけどね」僕はそう指摘して，近くにワームホールのある適当な宇宙ひもがないかをコンピュータに探させた．数秒後に，コンピュータが結果を出力した．「ついてるね」と僕は言った．「月中央駅からベテルギウス線の 3.25 便に乗り，御者座イプシロン星でへびつかい座直通線に乗り換え，そして地域交通網でアルデバランに行くんだ．ホバータクシーを呼んで，君の機械を乗せよう．そして，切符を買ってあげるよ」

「しかし，それは高価なのでは？」

「ああ」と僕はいった．「とてもね．給料 1 年分だ．しかし，君にはそれを返済する方法がある」そう言いながら，僕はコンピュータに別の指示を入力した．

「どうすればいいのでしょう」とタイム・トラベラーは尋ねた．「19 世紀末に戻れるのなら何だってやりますよ」

プリンタがウィーンと音を立てた．僕は，印刷された紙の束をタイム・トラベラーに手渡した．「これは，1895 年から 2999 年までの間の主要な株式の株式市場価格の一覧だ．僕の名前で資金運用を始めてほしい．イングランド銀行の口座で 1 ポンドを運用するんだ．イングランド銀行は今も君の時代にも存在する．この一覧を使って，資金をどんどん増やすんだ．いいかい？」

「もちろんです．未来の株式市場が予測できれば，大金持ち間違いなしですね」

「たしかにそうだ．そう，僕らが平行世界に移っていなければね．しかし，われわれが今いるところが未来になる過去の平行世界では，それぞれの平行世界にいるわれわれもおそらく同じことをしているだろう．歴史上には多くの収束点がある．失敗する危険は承知の上だ．まずは，このやり方がうまく機能しつづけるように運営委員会を設置してほしい．そして，利益の半分は運用資金に充ててくれ．信託は，僕の署名を提示して，3001年1月27日，すなわち明日に満期になるようにする．これが登録する署名見本だ」

「しかし，もし私がごまかして儲けを全部もっていってしまったら？」とタイム・トラベラーは尋ねた．

「そのときは，19世紀に行って，そうしないように説得しなきゃならないね」と僕は言った．

「いや，大丈夫．心配無用です．言われたとおりにやりますよ」

ホバータクシーが到着し，タイム・トラベラーは去っていった．

もともと僕には山っ気がある．彼が元の時代に戻ることに僕は1年分の給料をつぎ込んだ．しかし，この賭けが当たれば…，そう，明日はイングランド銀行で重要な1日を過ごすことになるだろう．

補遺

空間から二つの立方体を切り取って，対応する面を貼り合わせるというマット・ヴィザーのアイデアは，10年前に私が書いた空想科学小説と不思議なほど似通っている．私は実際の数学や物理学について書いたのではないことはわかってもらえるだろうし，ヴィザーのアイデアが出てくることを予期していたなどと主張するつもりはない．その小説は *Paradise misplaced* (Analog 101 no. 3, March 1981, 12-38) である．主人公のなんでも屋ビリーがある謎を解くために呼ばれた．バハンバ・ブライト群島

に 72,107 個あるはずの島が 72,106 個しかない．トリキシディクスの小島が消滅したのだ．ビリーが，海面に映った自分の顔をチラッと見た後で，その島を見つけ出すくだりは次のとおりだ．

　なんでも屋は 2 本の箸を摘み上げると，それをテーブルクロスの上に並べて置いた．「これは空間にある二つの平面だと考えてくれ」となんでも屋は言った．「相間移動平面というのは，二つの平面に沿って空間に切り込みを入れ，それを互い違いに貼り合わせるみたいなもんだ．一方の切り込みの左側の切り口をもう一方の切り込みの右側の切り口とつなぐと，一種の交叉路のような効果が得られる．一方の平面から入ったら，もう一方の平面の反対側から出てくる．たとえば，一方の平面の左から入ると，もう一方の平面の右に出てくるし，その逆もまたしかりだ．そして，そこを通過するのにまったく時間がかからないんだ．ただ跳び移るだけさ」

　「トリキシディクスの地盤に沿った移動平面を作り，どこかの海面下にあるもう一つの平面と接続するように装置を設定したとしよう．そして装置を起動すると，それらの平面がつながり，トリキシディクスは一方の平面で終わっているように見える．その上には海があるだけだ．ここで，平面は完璧に平坦だから，光学的にも平坦である．この地盤と海水の界面はまるで鏡のようになっている．なぜなら，磨かれた岩の切り口の上に水がのっているようなものだからね．しかし，平面と交わる部分の島が終われば，界面は海水，そう，何の変哲もない海水だ．そして，海水はこの界面を越えて自由に移動するから，そこが境界だということはまったくわからないだろうね」

　「そりゃ，いい」とリンディルーが言った．「しかし，島の上半分がもう一方の平面上で海の真ん中に浮いてたりしないだろうな」

　「そう，だから実際にはもう少し複雑になる．箱みたいにして，そのそれぞれの面を移動平面にするといいかもな．箱はトリキシディクスを囲むようにする．もう一つの箱は海の何もないところを囲むようにする．そして，接続すれば，ほら，できあがり！見事，島は消滅さ」

ウェブサイト

時間旅行全般：
  http://en.wikipedia.org/wiki/Time_travel
  http://ja.wikipedia.org/wiki/タイムトラベル
  http://www.vega.org.uk/video/programme/61

閉じた時間的曲線（CTC）：
  http://en.wikipedia.org/wiki/Closed_timelike_curve

宇宙ひも理論：
  http://en.wikipedia.org/wiki/Cosmic_strings
  http://ja.wikipedia.org/wiki/宇宙ひも

多世界解釈：
  http://en.wikipedia.org/wiki/Many-worlds_interpretation
  http://ja.wikipedia.org/wiki/エヴェレットの多世界解釈

10

円錐をひと捻り

　円錐の幾何学などかなり時代遅れだと思っているだろう．しかし，実際にはそうではない．二つの円錐の底面どうしを貼り合わせ，それを二つの頂点を通る平面で真っ二つに切る．円錐がちょうどよい形であれば，その断面は正方形になる．この二分した一方を 90 度回転させて，もう一方と貼り合わせてひとつにする．これで，スフェリコンと呼ばれる，愉快な数学おもちゃのできあがりだ．

今日，円錐は，おそらくアイスクリームの食べられる器，あるいは道路工事を行うために交通の流れを変える道具としてもっとも知られている．円錐の過去の栄光は，もっと高尚な領域にある．円錐の形状が古代ギリシャ人を魅了したのは，円錐を平面で切って作ることのできる優雅な曲線によるところが大きい．これら「円錐曲線」，すなわち楕円，放物線，双曲線の今日における重要性は，惑星，彗星やそのほかの天体の軌道といった天体力学への応用にある．デンマークの天文学者ティコ・ブラーへは惑星を観察し，ドイツの数学者，占星術師，神秘主義者でもあったヨハネス・ケプラーは火星の軌道が楕円でなければならないことを計算した．そして，英国の数理物理学者サー・アイザック・ニュートンは，重力の逆平方則を導き出した．アポロ宇宙船による月面着陸はその一つの成果である．

そんなことになるとは，ギリシャ人は予想だにしなかった．彼らは円錐の断面の複雑な形状に内在する美を楽しみ，定規とコンパスだけでは解くことができない問題を解くために円錐曲線をどう使えばよいかを発見した．これらの問題の中には，角の三等分や立方体の倍積問題（与えられた立方体の2倍の体積をもつ立方体の作図，実質的には長さ $\sqrt[3]{2}$ の直線の作図）も含まれている．円錐曲線を使うと，これらの問題を解くことができた．それは，二つの円錐曲線の交点は3次方程式や4次方程式の解に対応しているからだ．定規とコンパスだけでは，1次方程式と2次方程式しか解くことができない．偶然にも，これら古典的な問題はどちらも3次方程式を解くことに帰着される．実際，立方体の倍積問題ではそれはあきらかであるし，角の三等分では単純な三角法によってそうであることがわかる．これらについては，第20章を参照されたい．このほかに，古代からの有名な問題である円積問題（与えられた円と同じ面積の正方形の作図）は，円錐曲線を使っても解くことはできない．これについても，第20章を参照されたい．

一般的に，円錐の断面に比べて，円錐そのものには，数学者はあまり興味をもっていない．おそらく，それは円錐が非常に単純な形状だからだろう．このつつましい円錐について何か言い残していることはないだろうか．もちろん，ある．1999年に，数学レクリエーションの読者であるC・J・ロバーツは，彼が「スフェリコン」と呼ぶ興味深い形状について手紙をくれた．その手紙には，

10 円錐をひと捻り

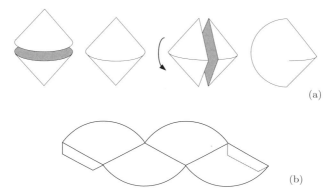

図 10.1 (a) スフェリコンの作り方，(b) スフェリコンの展開図

2個のスフェリコンが同封されていた．そして，後日，何十個ものスフェリコンが入った大きな箱が送られてきた．その理由については，後で説明する．

スフェリコンは，2個の同じ大きさの円錐の底面どうしを貼り合わせた二重円錐を文字通りひと捻りしたものだ（図 10.1a）．円錐を平らな机の上に置くと，転がって円を描く．二重円錐を転がすと，時計回りか反時計回りどちらかに回り，勢いをつけて転がすか，あるいは軌道に沿わせるのでなければ，まっすぐには転がらない．スフェリコンは，規則的にクネクネと小刻みに動くが，全体としては一方向に進む．スフェリコンは簡単に作れて，とても単純で，とくに大量に作れば，いろいろと楽しいことができる．これまでにこのような形状についてどこかで述べられているのを見たことはない．しかし，どこかに存在していたとしても，文化資産として残されていなければ，誰にそれがわかるだろうか．

二重円錐をその二つの頂点を通る平面に沿って切ると，断面は 4 辺の長さがすべて等しい平行四辺形，すなわち菱形になる．ちょうどいい形の円錐を使えば，この断面を正方形にすることができる．正方形には，ほかの菱形にはない対称性がある．それは，90 度回転すると元の形状とぴたりと一致することだ．そこで，このような二重円錐を二分して，その一方を 90 度だけ捻ってから，その二つの部品をひとつに貼り合わせる．これがスフェリコンだ．この 90 度の

捻りのおかげで，スフェリコンは二重円錐よりもはるかに興味深い形状になる．二つの半二重円錐を合わせても，必ずしも二重円錐になるとは限らないのだ．

スフェリコンは，一枚の薄い紙から同じ扇形四つの向きを交互にしてつないだ形状を切り出して作ることができる（図 10.1b）．この形状を設計する際に必要となるのは，扇形の 2 本の直線の辺のなす角度を決める計算である．扇形の半径を単位長だとする．二重円錐の断面が正方形になるならば，三平方の定理によって，それぞれの円錐の底面の半径は $\sqrt{2}$ になる．したがって，底面の円周は $\pi\sqrt{2}$ になる．扇形の弧の長さはその半分になる．（なぜなら，スフェリコンは，二重円錐を二分割して作るからである．）それゆえ，扇の中心角は $\pi\sqrt{2}/2$ ラジアン，言い換えれば $90\sqrt{2}$ 度，これはほぼ 127.28 度である．

図 10.1b に示す形状に切り出したら，それぞれの扇形を半円錐になるようにまるめて，糊シロを対応する辺に糊付けする．必要であれば少し調整して，二重円錐の底面の半円が隙間なくぴたりとあったら，つなぎ目を必要に応じてしっかりとテープで固定する．

スフェリコンの一番の楽しさは，それが転がることだ．それも単に転がるのではない，小刻みにクネクネと動きながら転がるのだ．まず，一つの円錐の扇形が地面と接触し，それから次の円錐の扇形が接触するという具合だ．したがって，スフェリコンが前に進むに従って小刻みに左右交互に動く．とくに，緩やかな斜面の上に置いて，それがふらふらヨロヨロと転がるのを眺めていると楽しい．ロバーツからの手紙が届いたとき，何人かの数学の専門家の集団が，机の脚に本を挟んで机を傾け，そこでスフェリコンを転がして 30 分は楽しんだ．

ロバーツからの手紙には，スフェリコンのいくつかの興味深い特徴が列挙されてもいた．

> それは連続した一つの面をもち，
> 平らな表面を転がる．
> 1 個なら，もう 1 個の表面を回り続け，
> 4 個なら，格子状に並んで互いに回る．
> 8 個なら，もう 1 個の表面に接しながら，それぞれは回転しようとするが，隣の 2 個とくっついてしまう．

この9個は一塊となって，別の9個のまわりを回り続ける．

　私は好奇心をそそられて，もっと情報がないかと問い合わせたところ，ロバーツは空っぽかと思える大きな箱を送ってきた．その中には，約50個にも及ぶスフェリコンの格子がセロテープできちんと組み立てられていた．この格子は，結晶の原子格子のように，3次元のそれぞれの方向に無限に繰り返されている．私は，トラックの荷台いっぱいのスフェリコンを受け取らなかったことは幸運，いや不運かもしれない，と考えた．

　スフェリコンがこれほどまでに整然とした幾何学的性質をもつ理由の一つは，その四つの「辺」，すなわち，図10.1bにおいて扇形どうしをつなぐ直線が，正8面体の四つの辺になるということだ．扇の中心角を二等分する半径は，正8面体のほかの四つの辺に対応する．ここで，正8面体は立方体と密接に関連している．立方体のそれぞれの面の中心点を直線で結ぶと，正8面体が得られる．そして，もちろん，立方体は平らな層あるいは3次元空間を埋め尽くすように規則正しく積み上げることができる．

　もちろん，スフェリコンには，これ以外にもはるかに多くの幾何学的性質があるが，手始めとしてはこんなところだろう．

　ロバーツは，1970年前後にスフェリコンを考案した．学生時代，ロバーツは幾何学が得意で，最初の職業は建具屋の弟子であった．それゆえ，彼が最初に作ったスフェリコンは木から削り出したものであったことは驚くにあたらない．その出発点は，位相幾何学者や小学生にもお馴染みの，紙の帯の両端を180度捻って貼り合わせたメビウスの帯であった．ここで，ロバーツは，紙には一定の厚みがあるのでメビウスの帯の断面は実際には細長い長方形であることに気がついた．この断面を正方形にすれば，両端を90度捻って貼り合わせることができて，単一の曲面からなる表面をもつ立体ができあがる．しかしながら，この立体には真ん中に穴がある．すなわち，環状になっている．単一の曲面からなる表面をもつ，環状でない立体はないのか．ある日，ロバーツは，正方形を断面とする長い角材に対して，一つの側面とそれに隣接する側面の端を丸く鉋がけして一つにすることを思いついた．このように両端を加工して，それらの間にある平面部分を取り除いて，スフェリコンが完成したのだ．

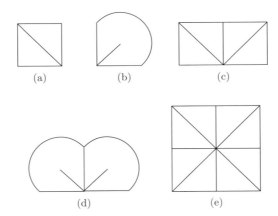

図 10.2 (a) スフェリコンの正方形状の断面，(b) スフェリコンの二等辺三角形＋半円の断面，(c) 接しながら回転する二つのスフェリコン，(d) それが 4 分の 1 回転したところ，(e) 接しながら回転する四つのスフェリコン

ロバーツは，マホガニーで作ったスフェリコンを姉に贈った．彼女はそれをまだもっていた．1997 年のクリスマスに私がテレビで一連の数学講義を行った際に対称性についての話をするまで，ロバーツはスフェリコンのことを忘れていた．この講義は，1826 年のマイケル・ファラデーにまで遡る（もちろん当時はテレビ放映などなかったが）英国の恒例行事である．この講義によって，ロバーツは以前に興味をもっていたことを思い出し，私に手紙を書いてきたのだ．

ある方向から眺めると，スフェリコンは 1 本の対角線をもつ正方形に見える（図 10.2a）．また別の方向から見ると，直角二等辺三角形とその斜辺に沿った半円に見える（図 10.2b）．図 10.2c のように二つのスフェリコンを互いに接するように置くと，滑ることなく表面を接しながら回転させることができる．図 10.2d は，そうして 90 度回転したときの状態である．図 10.2e の四つのスフェリコンは，ずっと互いに表面に接しながら滑ることなく回転させることができる．また，一つのスフェリコンの周りに，八つのスフェリコンを，それぞれが中心にあるスフェリコンに接しながら回転するように配置できる（図 10.3）．しかし，周りにあるスフェリコンどうしが滑ることなく互いに接しながら回転するようにはできない．このようなことがまだまだある．どうしてそんなに大き

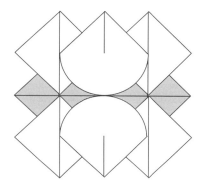

図 10.3　中心にあるスフェリコンに接しながら回転する八つのスフェリコン

な箱が送られてきたか，これで理解できただろう．

　スフェリコンの配置の仕方は無限にあるように思われる．この非常に単純で飛び抜けて独創的な数学的玩具と戯れ，自身で新しい配置を考案する楽しみは，読者に残しておこう．

読者からの反応

　多くの読者の中でも，カリフォルニア州アルハンブラのジョン・D・デターマンとイリノイ州ワレンヴィルのセシル・デイシュは，頂角の開きが60度の円錐を使うことを教えてくれた．これを頂点を通る平面で二等分すると，断面は正三角形になるので，そのような半円錐二つを120度捻って貼り合わせることができる．こうして得られた立体は転がるが，それはほんの少しだけである．また，デイシュは，これの興味深い変形も思いついた．頂角の開きが60度である二つの円錐を，その母線に直交するように切断して，それらの底面どうしを貼り合わせる．（この場合，底面は楕円になる．）この立体を断面が正三角形になるようにもう一度二分し，そうし

た二つを捻って貼り合わせるのだ．ヴァーモント州シェルボーンのデビッド・ラキュセンは，正方形の断面をもつ二つの半円柱を 90 度捻って貼り合わせることを教えてくれた．また，イリノイ州ブルックフィールドのドン・バンクロフトは，二つの半円の直線部分の中点どうしを 90 度捻ってつないだ転がる道具について，彼が 1981 年に取得した米国特許（参考文献を参照のこと）を送ってくれた．この特許には，同じ発想に基づいたいくつかの変形も記載されている．

ウェブサイト

スフェリコン全般：

http://en.wikipedia.org/wiki/Sphericon

ロバーツのウェブサイト：

http://www.pjroberts.com/sphericon/

転がるスフェリコンの 3 次元動画：

http://www.interocitors.com/polyhedra/n_icons/index.html

11
涙滴はどんな形か

　私たちは，印象によって欺かれることがある．そして，それにぴったりの事例がある．涙滴はどんな形状だろうか．それが涙滴形ではないと聞いても驚かないかもしれない．しかし，それが実際にはどれほど複雑であるかを知れば驚くにちがいない．

そして，小鳥は小枝の上にいて
　　　そして，小枝は大枝から伸び
　　　そして，大枝は幹から伸び
　　　そして，幹は大地から伸び
　　　そして，緑の草は世界中に広がる
　　　そして，緑の草は世界中に広がる

　ギター奏者が最後の一節をかき鳴らし，歌い手は歌を終えた．
　「ああ，やっと終わった」オリバー・ガーネイは呟いた．「感謝の言葉を言ってよいなら，千回は言うだろうね…」
　「もう千回は言ってるわよ」ディアドラはため息をついた．「みんな，それを聞いたわ」
　「『ポットの中のヤマネ』はフォーク・ソングで客を呼ぶパブじゃない」
　「パブではあるが」と私は言った．「温もりのあるパブだ．外は土砂降りだし，その人気の理由はわかっている．いずれにしろ，君の嘆願書でハモンド・オルガンの夕べはなくなった．なぜそれを女王様に送りつけなきゃならんのかわからんがね．フォスディック蒸留所の社長には，それで十分だったろうよ」
　「いけるとこまでいくんだろう」とオリバーは言った．「やれやれ，次にあいつらは『ビレッジ・パンプ』をやるにちがいない」
　「私，『ビレッジ・パンプ』は好きよ」とディアドラは言った．「彼らの歌はどれもいいし，新しい視点で物事を見せてくれるわ」
　「ほら，今度は…」
　「いや，すでにもう，そうしてくれている．小枝にとまった小鳥で始まる歌もそうだ．これは，木がいかに複雑かを教えてくれる．そして，木の一部分は，その木全体とそっくりで，ただ小さくしただけだということも」
　「自己相似性だね」と私は言った．「フラクタルと呼ばれることもある．大きな蚤には小さな蚤がついていて，それが際限なく続く．盆栽もそうだね」
　彼らは，私がよくわからないことを言うのには慣れているから，木から急に蚤の話になっても誰も戸惑ったりはしない．「盆栽？」
　「大木に見立てた小さな木を育てる日本の芸術だよ．木が大きさに関係のな

い構造をしていなかったとしたら，うまくいかないだろう」

「盆山(ぼんざん)をやってたヤツを知ってる」とオーリーは言った．それが何のことかわかるまでに少し間があった．

「箱庭じゃなくて？」とディアドラが尋ねた．

「うまく砕いた石は，山みたいに見えるからね」と私は言った．

「器に石を置くだけじゃないんだ」とオーリーは言った．「盆山をきちんと作るには，いろんなことをやらなければならない．小型の暴風雨にさらすための霧吹き用の口をつけた細いホースや特製の台にのせた扇風機，小さな稲妻用の閃光発生器，太陽光を集めるたくさんの小さな鏡など，ありとあらゆる装置を使っていた．それに，小型の人工降雪機もあった」

「本当に？」ディアドラはガーデニングに興味があったので，これには食いついてきた．

「ああ，でもやめざるをえなくなった」

「どうして？」

「石の山にアブラムシが群がったんだ．スキーをしにね」ディアドラはオーリーをぶった．

ギター奏者は楽器をケースに押し込んで，壁に立てかけた．「皆さん，ここでひとまず休憩です」ギター奏者がそう言うと，歌い手はバーの方に向かって姿を消した．オリバーは彼らの後を追い，数分後にジョッキ2杯とブルームーンをもって勝ち誇ったように戻ってきた．オリバーが一方のジョッキをつかみ，もう一方のジョッキはディアドラがつかんだ．オーリーは，怪訝な表情で私を見ると，ブルームーンを私のほうに押しやった．

ああ，そうさ，私はしゃれたカクテルが好きさ．誰にも遠慮などいらない．ウォッカを3/4カップ，テキーラを同量，ブルー・キュラソーを1カップ，レモネードは好みで，それらを砕いた氷に注ぐ．すばらしいじゃないか．次はブルックリン・ボンバーにしようかな，と私はオーリーに言った．

険しい表情のオーリーは，ジョッキから一口たっぷりと流し込むと，ニヤリと笑った．「ビールの方がいいね」オーリーはグラスを正面に置いた．そしてオーリーが何かを言おうとしたとき，ピチャンという音がはっきりと聞こえた．その音は全員が聞いた．どこからそれが聞こえてきたのかとオーリーが見回した

とき，もう一度全員がその音を聞いた．

「あなたのビールよ」とディアドラが言った．

「ビールがピチャンというわけがない」とオーリーは返した．

「いや，あなたのからよ．天井から雨の滴が落ちたのね．屋根に雨漏りがあるにちがいないわ」

これまでにオーリーがそんなにすばやく動くのを見たことがなかった．オーリーはジョッキをつかむと，今生まれたばかりの子供をハイエナから守る母親のようにそのジョッキを抱えた．「水増しだ」と彼は遠回しに説明した．「店のビールを水で薄めたことで店主を訴えるべきかな」

「オーリー，たったの2滴よ」

「原則としては，だよ」とオーリーは小声で言った．

「まあ，すこぶる寛大な店主を煩わせないのが私の主義だ．故意でもないし」

私たちは，水が滴り続け，テーブルに落ちた滴が四方八方に小さな水玉をまき散らすのを眺めた．「どうしてそんなにもじっくりと眺めていられるのかわからないわ」とディアドラは言った．

「どうなっているのか知りたいんだが，速すぎてよくわからないんだ．だから，誰もが勘違いをしていても仕方ないね」

「何が…」

私たちを黙らせるために，オリバーはそのずんぐりした手を振った．「ディアドラ，君はフォーク・ソングが日常の物事を新しい視点で見せてくれるといったね．雨粒，あるいは涙滴もそうだ．ひとつ問題を出そう．涙滴はどんな形をしている？」

ディアドラはしばらくの間考えていた．「涙滴はもちろん涙滴形よ」

オリバーはディアドラにペンと紙ナプキンを渡した．「ちょっと描いてみて」ディアドラはオタマジャクシのようなずんぐりとした球形を描いた．頭の部分は丸くなっていて，そこから上向きに鋭く尖った尻尾に向かって曲線が延びている（図11.1）．

オーリーはそれを眺めてこう言った．「どうしてそんな形だと思うんだい」

「それは，こんな形みたいに見えるからよ．典型的な『涙滴形』ね」

「本当に？」テーブルの上に，またもう一滴が落ちて跳ねた．「落ちていく滴

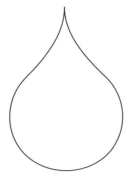

図 11.1　古典的な「涙滴形」

図 11.2　滴が切り離されるとき，こうなる？

を見たのかい？」

「いえ，それは速すぎて見えないわ．でも，みんなこういう風に描くでしょう？」オーリーは頷いたが，何も言わなかった．「みんな，間違った絵を描いてるっていうの？」

「ノー・コメント」

「でも，蛇口から水滴が落ちるとき，蛇口にぶら下がっている水の玉が徐々に大きくなっていき，そしてその一部が引き離されるわ．だから，水滴になった直後には，尖った尻尾になるのよ」

「それも描いてみて」ディアドラは図 11.2 のように描いた．

「ほう，水滴が落下するとき，その尻尾は尖ったままだと言うんだね」

「ええ」

「だけど，蛇口に残っている水は丸くなる？」

「そう，表面張力よ」

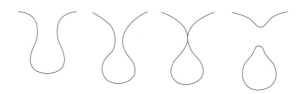

図 11.3 それとも，これが正しい？

「じゃあ，どうして落下する水滴の尻尾も表面張力で丸くならないんだい」
「それは，水滴は落下しているから後ろに尾を引くの」
「確かかい？」

ディアドラは一息ついて，口をつぐんで考えこみ，そして頭を左右に振った．「いいえ，それじゃあ筋が通らない．水滴の尻尾も同じように丸くなるはず．落下する水滴はおおよそ球体状になるにちがいない．空気抵抗によって多少は潰れているかもしれないけど」

オーリーは頷いた．「振動することはあるかもしれないけどね．すると，水滴の絵は実際にはこんなふうになると考える？」そう言って，オーリーは図 11.3 を描いた．

「多分，そうね．あまり自信はないけど」ディアドラは混乱しているように見えた．現実に対する私たちの理解がこれほどまでに曖昧だというのは驚きではないか．

「それについてどこかで読んだことがある」と私は言った．「驚いたことに，長い間その答えはわかっていなかったのだ．」図書館の長い書棚は流体の科学的研究で埋め尽くされているのに，落下する水滴の形状を見つけようとすると苦労したに違いない．初期の文献にあった唯一正しい絵は，物理学者レイリー卿が 1 世紀以上前に描いたもので，それは実物大であった」私は言葉を切って，一息ついた．「つまり，あまりにも小さくて，ほとんど誰もそれに気づかなかったのだ」

「そのとおり」とオーリーは言った．「正解のほうびに，もう一杯飲んでもいいよ．ブリストル大学の応用数学者ハウエル・ペレグリンとその同僚が落下する水滴の写真を撮影し，その形状が想像していたよりも非常に複雑で興味深い

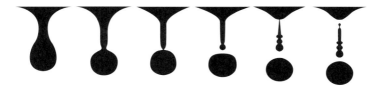

図 11.4 滴が切り離されるときの形状の一連の変化（理論上）

図 11.5 滴が切り離されるときの形状の一連の変化（実際）

ことを発見した 1990 年までは，本当の形は広く知られてはいなかった」私がなんとかバーにたどり着こうしている間に，オーリーはその一連の形状の概略図をささっと描いた．そして私がジョッキ 2 杯とハーベイ・ウォールバンガーをもって（チェリー・ブランデーが切れていたので，ブルックリン・ボンバーは注文できなかった）戻ってくる頃には，もう絵ができあがっていた（図 11.4）．

「変ね」とディアドラは言った．

「いや，ハーベイ・ウォールバンガーはオレンジ・ジュース，ウォッカ，ガリアーノ，そして一切れの‥‥」

「飲み物のことじゃないわ．落下する滴の形状よ」

「落下する滴の形状は，多くの人が予想したのとはまったく違っていた」とオリバーは言った．「実際には，図 11.5 のようなことが起こっていた．それは，蛇口の端にぶら下がった小さな水滴がふくらむところから始まる．そのふくらみにくびれができ，そこが細くなり，典型的な涙滴形になろうとしているように見える．しかし，そのくびれは，ちぎれて短い尖った尻尾になるのではなく，細長い円筒の糸状に伸びて，その端にほぼ球体状の水滴がぶら下がる」

私は概略図を手に取って，目を凝らした．「水滴が球体状になる理由はわかる．それは非常にゆっくりと落ちているので，重力は無視できるのだ．したがって，

水滴は表面張力によるエネルギーを最小化しようとして，球体を形作るのだ」

「どうして？」

「表面張力は面積に比例し，与えられた体積に対して表面積が最小になるのは球体なんだ」オリバーは私の背中をポンと叩いた．「しかし，細い糸状になる理由はわからないね」

「主に粘性が理由だよ」とオーリーは言った．「粘り気だよ．液体が水ではなくシロップだったならば，長い糸が垂れ下がったとしても驚かないだろう？シロップほどではないにしても，水にも十分に粘り気があるんだ」

「それはいかにももっともらしいけど」とディアドラは言った．「それじゃあ，どうして糸がずっと伸びていかないの？」

「不安定性だよ！」私は大声を出して，隣のテーブル席でクリベッジ[訳註 1]に興じていた 3 人の年老いた女性を驚かせた．彼女たちは刺すような目つきで私を見た．「糸状の部分が長くなりすぎると，不安定になるんだ」と私は言った．

「そのとおり」とオーリーは言い，お気に入りのトリッパ[訳註 2]とビートの根風味のポテトチップスの袋を開けた．「食べるかい？」とモゴモゴと口ごもりながら，オーリーは私に向かって何となく袋を振ってみせた．私は首を横に振った．「不安定性によって，糸状の部分のちょうど球体部分とつながるところが尖った点になるまで細くなっていく．この段階では，ちょうどオレンジに触れている編み針のような形状になっている．そして，このオレンジが編み針と切り離されて落下し，落ちながらわずかながら振動する．これで，水滴は切り離されたのだ」

「しかし，話はまだ半分しか終わっていない」オーリーはさらにポテトチップスを口に押し込むと，フォスディック自慢のビタービールを一気飲みして，それを流し込んだ．「さて，編み針の尖った先端が丸みを帯びだして，小さな波が針の根元に向かって移動すると，どんどん小さくなっていく真珠の数珠つなぎのようになる．そして最後に，ぶら下がった糸状の部分の上端が尖るほどに細くなり，ついには切り離されてしまう．それが落ちているとき，その上端は丸みを帯び，同じような一連の波が上端に向かって移動する」

[訳註 1] トランプを使ったゲームの一種．
[訳註 2] 牛の胃袋．

11 涙滴はどんな形か　129

　ディアドラと私は椅子の背にもたれかかると，ぼんやりと考え，それからオーリーの描いた絵をじっと見た．「驚きね」とディアドラは言った．「滴り落ちる水滴がそんなに複雑な動きをしているとは思いもしなかったわ」

　「いや」と私は言った．「かなり特異な振る舞いなんだ．これまで誰も数学的な詳細については研究しなかった理由が，これではっきりした」

　「なぜなの」

　「難しすぎるんだ．この問題では，落下する水滴が切り離されるときに特異点が生じる．特異点というのは数学的にとても扱いにくい点のことだ．特異点は，『編み針』の先端みたいなものだよ」

　「でも，どうしてそこが特異点になるの？どうして落下する水滴はそんな複雑なやり方で切り離されるの？」

　オーリーが話に割って入った．「1994 年に物理学者ジェンズ・エガーズとトッド・F・デュポンは，この一連の動きは流体運動に関するナヴィエ–ストークス方程式から導かれることを示したんだ．彼らはコンピュータを使ってナヴィエ–ストークス方程式を用いた数値実験を行い，ペレグリンの実験を再現させた」オーリーは，ニヤニヤ笑いをするチェシャ猫のようだったが，思ったほど私が感銘を受けていないことに気がついて，がっかりした．「なぜそんな渋い顔を？」オーリーは私に尋ねた．「これはすばらしい研究成果じゃないか」

　「もちろん」と私は言った．「事態が少なからず進展したことは喜ばしいよ．しかし，それがこの問題の本当の答えとは思えないんだ．ナヴィエ–ストークス方程式によって本当の水滴の形状が予測できたことで安心感は得られたが，そのこと自体で理解が進むわけではない．計算することとその答えが何を意味するかに考えを巡らすことには，天と地ほどの差がある」

　オーリーは顎をかいた．「また，説明に対する君の信念を語っているんだな？」

　「どのような種類の説明であれば何かをわかった気持ちにさせてくれるのか，ということだ．それを信念といって飾り立ててもいいけどね．それはおおよそ科学や数学ではない．それは科学や数学をどう理解するかということだ」

　「私の知りたい説明は，単純な一連の論理的思考で，それ自体が涙滴の形状を論じていて，その形状になるということを納得させてくれるものだ．落下する水滴の説明で寸分違わず目的にかなうものが得られているかどうかはわから

ないが，この方面の最先端の研究をしているシカゴ大学の X・D・シなどによる研究を思い出した．その理論的着想の中心となるのは，ペレグリンの研究ですでに示されていたものだが，相似解と呼ばれる流体の方程式の特殊な解だ」

「噛み砕いて言うと，どういうこと？」

「ある種の対称性をもつ解で，その対称性のおかげで数学的に扱いやすいんだ．その解は時間的に自己相似的，すなわち，時間の経過に伴いどんどん小さな尺度で同じ構造を繰り返すんだ．これが，糸状部分の首がいったん細くなり始めたら，特異点になるまでどんどん細くなっていく理由なんだ」

「ついていけない」とオーリーは言った．

「そりゃそうだ，数学的な詳細をかなり省略しているから．しかし，相似解の存在を仮定すると，相似解の考え方が特異点の形状を説明するんだ．これで，技術的に説明できなかった部分を補うことができ，…」

「ちょっと」とディアドラが話を遮った．「かなり昔からある写真がその特異点をみごとに写し出しているってことに気がついたわ．その写真は，水ではなく牛乳で，滴り落ちるときでもないんだけど」

「どの写真だっけ？」

「1942 年に発刊されたダーシー・トムソンの *On Growth and Form* のことよ．第 1 巻の口絵は，皿で牛乳の飛沫がはねている有名な写真なの．この飛沫は王冠のような形状になっているわ（図 11.6）」

「おお，そうだ」とオーリーは言った．「この写真は，マサチューセッツ工科大学のハロルド・エジャートンが撮影したものだ．でも，これは私の描いた絵とはずいぶん違うぞ」

「いえ，似ているわ．王冠のそれぞれの『突起』は，管の端についた小さな球体で，管は，球体と接するところが尖った先端になるようにどんどん細くなっていく」

「ペレグリンの論文は，この複雑な一連の事象全体を普遍的なものと指摘していた」と私は言った．「適度の粘性をもつ液体の滴が切り離されるとき，まさしく同じ一連の形状を見ることができるんだ」

オリバーは自分のビールで粘性を試してみようとしたが，それはすぐに流れ落ちてしまい，シロップのようにはいかなかった．「油を糖蜜に変えるためのバ

11 涙滴はどんな形か　　131

図 11.6　ハロルド・エジャートンの有名な牛乳の飛沫の写真．王冠のそれぞれの「突起」は，図 11.4 の左から 3 番めの「編み針の先にオレンジ」の絵によく似ている．

クテリアを見つけたときの話はしたっけ？」とオリバーは尋ねた．「それで北海油田がほぼ壊滅状態になって …」

「ええ，100 回は」とディアドラが答えた．「そして，糖蜜を発酵させてアルコールに変えるための酵母を見つけて窮地から脱し，北海ビール園を作ったのよね[原註 1]」

「枯渇してからもうずいぶん経ったよ」オリバーは悲しそうに言った．

「糖蜜といえば」と私は割り込んだ．「シのグループは相似解の考え方をさらに進めて，液体の粘性が切り離される滴の形状にどう影響するかを調べた．彼らは，水とグリセリンを混ぜることでさまざまな粘度の液体を作り出して，数多くの実験を行った．また，彼らは，計算機による数値実験も行い，相似解による理論的手法を展開した．そして，粘性の高い液体では，特異点ができて滴

[原註 1] これについては私の空想科学小説 *The treacle well*（糖蜜井戸）（Analog 103 no. 10, Sept. 1983, 40-48）を参照のこと．

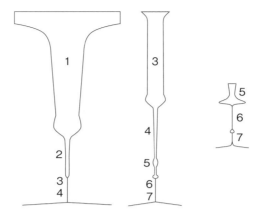

図 11.7　X・D・シの計算による粘性のある液体の滴における連続するくびれ
（左）最初の四つのくびれ，（中）左の図の下部を拡大すると，さらに三つのくびれがある，（右）5，6，7 番めのくびれの拡大図

が切り離される前に，糸状部分に二つめのくびれができることを発見した」

「編み針の先端から紐でぶら下がったオレンジみたいなのがもっとできるっていうこと？」とディアドラが尋ねた．

「まさしく，そのとおり．そして，さらにこの過程の自己相似性のおかげで…」

私がその先を言う前にディアドラが続けた．「もっと高い粘性があれば，三つめのくびれができる．編み針の先端から紐でぶらさがった糸の先にオレンジがぶら下がる．そしてさらに粘性が高くなれば，一連のくびれの数はいくらでも増えていく，でしょう？」

「そのとおり．少なくとも，物質の原子構造による制限を無視すればね．図11.7 を見てごらん」

「すごいね」とオリバーは言った．

「物事を当たり前とは考えないことだ」と私は言った．「もっとも意外な答えは，単純な問いから生まれる．しかし，誰かが，みんなの予想どおりの答えだと思い込まずに，それを問わなければならない」

「ひとつ単純な質問があるんだけど」とディアドラが言った．

「なんだい」

「おかわりはいかが？ おごるわよ」

オーリーと私はディアドラを見て，それから顔を見合わせた．そして二人は声をそろえて言った．「誰もが予想した答えになる単純な問いもあるよね」

補遺

盆山は，テリー・プラチェットによる *Discworld* シリーズの 26 巻目となる愉快な空想小説 *Thief of Time* に登場する．このシリーズは，今や 32 巻に加えて 4 巻の子供向け小説があり，そして，そこから派生した小説も数多くある．歴史に携わる僧ル・テズは，趣味で盆山を育てている．それは時間のかかる作業だが，歴史の僧は，時間を進めたり巻き戻したりできる 古 (いにしえ) の時間遅延の技術を使うことができ，その世界の時間を手中に収めているのだ．

ウェブサイト

涙滴形：

  http://courses.ncssm.edu/hsi/splashes/animations.htm

  http://en.wikipedia.org/wiki/Harold_E._Edgerton

  http://ja.wikipedia.org/wiki/ハロルド・ユージン・エジャートン

  http://mit.edu/6.933/www/Fall2000/edgerton/www/prewar.html

「涙滴」としてこれまで考えられていた形状がどれほど蔓延しているかを知るには，この単語を Google Images で検索してみるとよい．

12
取調官の誤審

　ますます数学は法律と絡み合っていく．いや，失礼，彼らが4次方程式を違法にするということではない．DNAを証拠とすることで，法廷に確率論がもちこまれ，それによってよく知られた厄介な問題が引き起こされるのだ．そのとき，裁判官は何をするのだろう．またしても数学を追放しようとするのか．

数学は法廷にも押し寄せつつある．

陪審員は，被告が罪を犯したことに合理的な疑いの余地がなければ，有罪と判断するように指示される．この指示はいささか定性的である．すなわち，それぞれの陪審員が何を合理的と考えるかに完全に依存している．未来の文明社会では，計算機による裁判官が陪審員に取って代わるという空想科学小説によくある筋書きが現実になり，有罪かどうかが定量化されるようになるかもしれない．計算機は，証拠に重み付けをし，有罪の確率を計算し，その確率が十分に（絶対的な確実性を意味していて，ほぼ到達することのない理想値である）1に近ければ結審する．しかし，今日の文明社会には計算機による裁判官はおらず，したがって陪審員が確率論をきちんと理解せざるをえない．その理由の一つは，証拠としての DNA の採用が増えていることだ．DNA 鑑定法は比較的新しく，DNA を証拠として考えるかどうかは，その確率をどう評価するかに依存している．今では普通に使われている指紋が証拠として使われ始めたときにも同様の問題は起きていた．しかし，おそらく当時の弁護士はそのあたりの事情にそれほど精通していなかったのではないだろうか．いずれにしろ，指紋を証拠とすることに確率論的観点から異議が唱えられることはなかった．しかし，今やこれさえも様変わりしてきて，多くの弁護士が，指紋の信用性に異議を唱えるための理由を（それが妥当であろうがなかろうが）見つけようとしているのだ．

1995 年に，*Math Hysteria* でとりあげた「擬人化原理」に関する研究を行ったロバート・マシューズは，裁判でずっと昔から使われている証拠でさえも確率論を使って分析すべきだと指摘している．その証拠とは，自白のことである．マシューズの驚くべき結論の一つは，自白があることによって被告が有罪よりむしろ無実であるという考えに重きがおかれる状況があるというものだ．彼は，この発見を「取調官の誤審」と呼んでいる．

スペインの異端審問所の初代長官トマス・デ・トルケマダにとって，自白は，たとえそれが強要したものであっても（そして一般的には強要によるものだが），全面的な有罪の証拠であった．もちろん，トルケマダは，証拠を得るための拷問を認めていて，強要した自白を根拠として約 2 千人もの人々を火あぶりの刑に処した元凶と考えられている．近代的な法習慣では，強要されて得られたこ

とがわかってる自白に対して一般に懐疑的である．しかし，1990 年代中頃に注目された英国での一連のテロに対する有罪判決では，決め手となる証拠は自白であった．この有罪判決は自白が真正なものかどうか疑わしいということから，控訴審で判決が覆った．マシューズの考え方は，テロリストの裁判において，適切な裏付けのある証拠を補強するのでなければ自白は信用できないことの一般的理由を示している．

ここで必要となる主な数学的考え方は，条件付き確率である．これは，ほかの事象が起きた場合に，ある事象がどれくらい起きやすいかを教えてくれる．周知のように，確率に対する人間の直感は当てにならない．たとえば，ありきたりな説明がされたとしても，「偶然の一致」として過度に印象づけられてしまう．そこに条件付き確率が加われば，事態は一層悪くなる．まずは，それにぴったり当てはまる有名な例を紹介しよう．

スミス夫妻には二人の子供がいて，そのうちの一人は女の子だと言ったとしよう．この情報から，もう一人の子供が女の子である確率はどれだけだろうか．男の子と女の子が生まれるのは同様に確からしく，それぞれの確率は 1/2 で，毎回独立に男の子か女の子かが決まることを前提とする．この前提は，完全に正しいというわけではないが，大差はないし，結果を大きく変えることなくこの論拠の要点をわかりにくくする複雑な要因を取り除いてくれる．

直感的な答えは，もう一人の子供が男の子か女の子かは同様に確からしいので，その子供が女の子である確率は 1/2 になるというものだ．しかしながら，とりうる男女の組合せを生まれた順に書くことにすると，男-男，男-女，女-男，女-女の 4 通りになる．それぞれの組合せは同様に確からしいので，女-女となる確率は 1/4 である．正確に言えば，男-女，女-男，女-女の 3 通りの場合には子供の中に女の子がいて，その中で女-女だけがもう一人の子供は女の子になる．したがって，少なくとも一人が女の子であるとき，二人ともが女の子である確率は実際には 1/3 になる．一方，スミス夫妻はあなたに上の子は女の子だと言ったとしよう．このとき，下の子も女の子である確率はどれだけだろうか．今度は，とりうる男女の組合せは女-男と女-女で，下の子が女の子であるのは女-女の場合だけなので，その確率は 1/2 になる．この結果は多くの人にとって理屈にあわないように思えるが，先に述べた前提のもとで計算に間違いはない．条

件付き確率の逆説的な振る舞いには勘が働かないために，こういうことに戸惑うのだ．スミス夫妻の子供に関する二通りの話は，条件付き確率が状況を規定していることを示している．状況を選ぶことが，計算される確率に大きな影響を与えうるのだ．しかし，通常，状況は明示されるのではなく暗に示されているので，あまり注意を払われることなく，判断をたやすく誤らせてしまう．

　第 1 章の図 1.2 には，二つのさいころを転がしたときの 36 通りの場合が列挙されていて，それぞれの場合は同様に確からしい．少なくとも一つのさいころに 6 の目が出たとき，6 のゾロ目になっている確率はどれだけか．どちらかの目が 6 になる組合せは 11 通りあり，それらはすべて同様に確からしく，その中の一つだけが 6 のゾロ目である．したがって，この条件付き確率は 1/11 である．では，同じような質問だが，今度は条件を「白いほうのさいころに 6 の目が出たとき」に変えるとどうなるか．この条件を満たすのは 6 通りしかないので，この条件付き確率は 1/6 になる．このさいころの状況は，スミス夫妻の子供の場合とよく似ている．

　これらがいかに微妙な問題であるかを見るために，スミス夫妻に二人の子供がいるが子供たちの性別はまったくわからないとしよう．ある日，あなたは子供たちが庭にいるのを見た（図 12.1）．そのうちの一人は，明らかに女の子であった．もう一人の子供の一部は犬の陰に隠れていて，性別はわからなかった．ここで，スミス夫妻の二人の子供がともに女の子である確率はどれだけだろうか．あなたは，この問題は前述の最初の状況と同じだから，その確率は 1/3 だと主張するだろうか．それとも，与えられた情報は「犬と遊んでいないほうの子供は女の子である」のだから，前述の 2 番めの状況と同じく一方の子供ともう一方の子供は区別できるので，その答えは 1/2 だと主張するだろうか．しかし，スミス夫妻は，犬と遊んでいる子供は弟のウィリアムだと知っているので，子供が二人とも女の子である確率は 0 だと言うだろう．さて，誰の言い分が正しいのか．

　その答えは，状況（文脈）の選び方に依存する．確率論は現実をモデル化したものについての理論であって，現実そのものについての理論ではない．無作為に選んだ一方の子供が犬と遊んでいる（原理的には）数多くの家族がいるような状況から無作為に抽出したのか．それとも，一方の子供だけが犬と遊んで

12　取調官の誤審　139

図 12.1　スミス夫妻の子供たちと犬．犬の陰に隠れている子供が女の子である確率は？

いる家族から無作為に選んだ子供（この場合いつもその子供が選ばれる）なのか．あるいは，ある特定の家族だけを考えているのか．最後の場合には確率論によってモデル化するのはまったくの誤りである．

　統計データを解釈するためには，確率論の数学とそれを適用する状況を理解している必要がある．はるか昔から，弁護人は，無実の人々を有罪に陥れたり，犯罪者を無罪放免したりするために，陪審員に向かって数学的な素養が欠けていると恥ずかしげもなく罵ってきた．たとえば，DNA 鑑定法の文脈で起きているのは，「検察官の誤審」である．今や裁判官はこれを理解していると思いたいし，実際大部分の裁判官は理解している．しかしながら，自分の子供たちを殺害したとして不当に有罪判決を下された事務弁護士サリー・クラークの痛ましい裁判では，まだまだ道半ばだと思わされる．この公判は 1999 年に行われ，DNA 鑑定法も検察官の誤審もなかった．詳細については章末のウェブサイトを参照されたい．

DNA鑑定法（あるいはDNA指紋法，遺伝子指紋法）に話を戻そう．まず，いくつかの背景から説明しよう．そのあとで，その誤審がどんなものであるかを見ていく．

DNA鑑定法の考え方は，1985年にレスター大学のアレック・ジェフリーズによって考案され，人ゲノムのいわゆるVNTR（反復配列多型）領域に適用された．このような領域には，何度も繰り返す特定のDNA配列がある．VNTR配列は個人によってかなりの差があり，個人を一意に特定できると広く信じられている．「複数部位プローブ」では，分子生物学の標準的技術を用いて，二つのDNA標本中の多数の相異なるVNTR領域間の一致を探す．二つの標本の一方は，その犯罪にかかわるもので，もう一方は被疑者から採取したものだ．これらに十分多くの一致が見つかれば，二つの標本は同一人物のものであるという反駁しがたい統計的証拠になる．

検察官の誤審は，相異なる二つの確率を混同することで生じる．「DNAが一致する確率」は，「ある個人が無実であるとしたときに，彼のDNAが犯罪者の標本と一致する確率はどれだけか」という問いに対する答えである．しかしながら，裁判において重要な問いは，「DNA標本が一致したときに，被疑者が無実である確率はどれだけか」である．通常，記述の順序を入れ替えると，条件付き確率は変わるので，二つの問いに対する答えはまったく異なるかもしれない．この場合も，状況の違いによって，この差が生じる．前者の場合，概念的には，その個人は科学的な都合で選ばれた母集団の中に置かれている．その母集団は，同じ性別，同じ体型，同じ人種に属する人たちである．後者の場合は，あまりきちんと定義されていないが関連性のある，一般には少人数の母集団である．この母集団は，おそらくその犯罪を犯しているのではないかと考えられる人たちである．

このような状況での条件付き確率は，英国の確率論学者トーマス・ベイズの名を冠する定理によって律されている．AとCを事象とし，それぞれの起きる確率を$P(A)$と$P(C)$としよう．Cがたしかに起きたときに，Aが起きる確率を$P(A|C)$と書くことにする．また，$A\&C$は，「AとCがともに起きる」事象を表す．このとき，ベイズの定理のもっとも簡単な形式を使うと，次の式が得られる．

$$P(A|C) = \frac{P(A\&C)}{P(C)}$$

この単純な場合のベイズの定理は，実は条件付き確率の定義である．しかし，さらに一般化された形式もあり，この場合はそのよい例になっている．

たとえば，スミス夫妻の子供たちの事例の最初の状況では，

$C = $「少なくとも一人の子供は女の子である」事象

$A = $「もう一人の子供は女の子である」事象

$P(C) = 3/4$

$P(A\&C) = 1/4$

となる．なぜなら，$A\&C$ は「二人の子供がともに女の子である」という事象だからだ．ここで，ベイズの定理を使うと，一人の子供が女の子であるときに，もう一方の子供が女の子である確率は $(1/4)/(3/4) = 1/3$ となり，先に求めた値と一致する．同様に，2番めの状況に対してベイズの定理を使うと，前と同じく 1/2 という答えが得られる．

証拠としての自白に適用する際には

$A = $「被告は有罪である」事象

$C = $「被告は自白した」事象

とする．ベイズの定理を使った推論ではよくあるように，マシューズは $P(A)$ を被告が有罪である「事前確率」であるとした．これは，自白がなされる前に得られている証拠から有罪と判定される確率である．事象 A の否定（すなわち，「被告は無罪である」という事象）を A' で表す．このとき，マシューズは（p.144-145 の「マシューズの公式」で示した計算によって）ベイズの定理から次の公式を導いた．

$$P(A|C) = \frac{p}{p + r(1-p)}$$

ただし，式を簡単にするため，

$$p = P(A)$$
$$r = \frac{P(C|A')}{P(C|A)}$$

を使って表記している．この r を「自白率」と呼ぶ．ここで，$P(C|A')$ は無実の人が自白する確率で，$P(C|A)$ は罪を犯した人が自白する確率である．無実の人が罪を犯した人よりも自白しにくいならば，自白率は 1 より小さくなり，無実の人が罪を犯した人よりも自白しやすいならば，自白率は 1 よりも大きくなる．

自白によって有罪である確率が高くなるのであれば，$P(A|C)$ は $P(A)$ よりも大きくなってほしいが，$P(A)$ は p に等しい．それゆえ，

$$\frac{p}{p + r(1-p)} > p$$

が成り立たなければならないが，これは単純な式変形によって $r < 1$ になる．この不等式から，次の意外な事実が導かれる．

> 無実の人が罪を犯した人よりも自白しにくい
> とき，そしてそのときに限り，
> 自白の存在により有罪である確率が大きくなる．

実のところ，考えてみれば，これはもっともらしく思われる．しかし，これから含意されることは直感に反している．自白の存在が，ときとして有罪の確率を下げるかもしれないのだ．実際には，無実の人が罪を犯した人よりも自白しやすいときはいつでもそうなるのだ．しかし，これまでにそんなことが起きえたのだろうか．

テロリストの裁判では，その答えは「もしかしたら，起きていた」である．心理プロファイリングによれば，より暗示にかかりやすいか，より従順な人々，あるいは，ただ簡単に脅されてしまう人々は，取調べで自白しがちであることがわかっている．このような性格の描写は，尋問のあの手この手に耐えられるよう訓練されているであろう鍛えられたテロリストにはほとんど当てはまらない．訓練を受けていない，世間知らずで途方にくれた人は，口先だけの行き過ぎた

脅しにも従ってしまうので，ただ万策尽きたという理由だけで自白してしまうというのもよくわかるし，尋問をやめてもらうためならどんなことでも言うだろう．英国法廷で後に判決が覆ることになる有罪判決が下されたとき，このようなことが起きていたというのはいかにもありそうな話である．

　ベイズの定理を用いた分析によって，証拠に関して直感に反するまた別の特徴が浮き彫りにされる．たとえば，当初の有罪の証拠（X）に続いて，それを補足する有罪の証拠（Y）があったとしよう．陪審員は，ほとんどの場合，これで有罪の確率が高くなったと思い込むだろう．しかし，このやり方では，有罪の確率は常に高くなるとは限らないのだ．実際，新しい証拠によって有罪の確率が高くなるのは，

これまでの証拠で被告が有罪であるとしたときの
新しい証拠の条件付き確率
が
これまでの証拠で被告が無実であるとしたときの
新しい証拠の条件付き確率
を越える

場合だけである．

　告訴するかどうかが自白に依存しているとき，二つのまったく異なることが起きうる．まず，X が自白で，Y は自白の結果として見つかった証拠，たとえば，被疑者がそこにあるだろうと言った場所で遺体が発見されたなどという場合は，無実の人がこのような情報をもっていることはありそうもないので，期待どおり，ベイズの理論によって有罪である確率は高まる．したがって，自白が真正であることに依存した裏付け証拠は，有罪である確からしさを増大させる．

　一方，X が遺体の発見で，Y はそれに続く自白である場合は，遺体によって提供される証拠は，自白に依存せず，自白を裏付けるものでもない．それにもかかわらず，取調官の誤審と同様の「遺体発見の誤審」は起きない．なぜなら，すでに遺体が見つかったことがわかっているので，無実の人が罪を犯した人よりも自白しやすいと主張することは難しいからである．

　もちろん，潜在的な陪審員全員がベイズ推論の授業を受講し，そして及第点

をとるべきだなどというのは馬鹿げているが，マシューズが指摘したような単純な原理への手ほどきを裁判官が陪審員にするというのは十分実現可能と思われる．取調官の誤審を理解するのはそう難しいことではない．まったく同じ原理は DNA 鑑定法にも当てはまるが，陪審員にとってかなり直感的に理解できる状況で根拠が蔑ろにされる場合には取調官の誤審で説明できるし，派手な生化学的技術によって数学的な主張が隠されてしまうことはない．取調官の誤審を軽く復習しておけば，弁護人が DNA の証拠に関して虚偽の主張をすることを思いとどまらせるすばらしい方法になるであろう．

マシューズの公式

ベイズの定理から

$$P(A|C) = \frac{P(A\&C)}{P(C)}$$

が成り立ち，同様に

$$P(C|A) = \frac{P(A\&C)}{P(A)}$$

が成り立つ．しかし $C\&A = A\&C$ なので，上記の二つの等式を組み合わせると

$$P(A|C) = \frac{P(C|A)P(C)}{P(A)}$$

が得られる．さらに

$$P(C) = P(C|A)P(A) + P(C|A')P(A')$$

が成り立つ．なぜなら，A と A' のどちらかは必ず起きるが，両方が起きることはないからである．最後に，$P(A') = 1 - P(A)$ なので，$P(A) = p$ とすると $P(A') = 1 - p$ となる．これらをすべてひとまとめにすると，次の一見複雑な式が得られる．

$$P(A|C) = \frac{P(A)}{P(A) + \frac{P(C|A')}{P(C|A)}P(A')}.$$

ここで，$P(A)$ を p で，$P(C|A)/P(C|A')$ を r で置き換えると，マシューズの主張にあるように

$$P(A|C) = \frac{p}{p + r(1-p)}$$

となる．

読者からの反応

　取調官の誤審に関して多数のメールを受け取ったが，残念ながら，その多くは条件付き確率を考えるときには間違った方向に進みやすいという私の主張を単に裏付けたに過ぎなかった．多くの読者は，主要な論点である自白に関連する確率ではなく，前置きに使ったスミス夫妻の子供の性別の例を問題にしていた．したがって，まずはこの問題を再確認しよう．ちなみに，これは確率論の教科書やパズル本でも定番の問題であり，それらにはここで行ったのと同じ計算が載っている．スミス夫妻には正確に二人の子供がいて，そのうちの一人（以上）は女の子だということがわかっている．このとき，この子供たちが二人とも女の子である確率はどれだけか．現実には必ずしもそうではないが，ここでは男の子と女の子が生まれるのは同様に確からしいことを前提とする．

　争点の骨子は，子供たちの生まれた順を考えて二人を区別するというやり方であった．二人兄弟の組合せは，男-男，男-女，女-男，女-女の4通りである．そして，それぞれの場合は同様に確からしい．少なくとも一人は女の子だという情報から，最初の場合は除外されて，残るのは男-女，女-男，女-女である．この中で，一つだけが二人とも女の子である．したがって，二人ともが女の子である条件付き確率は 1/3 になる．一方，「上の子は女の子だ」と言われたならば，二人ともが女の子である条件付き確率は 1/2 である．多くの読者が，この結論に異議を唱えた．ある人は，男-女と女-男を区別すべきではなく，男/女になるか女/女になるかは同様に確からしいのだと主張した．これは，第1章で述べた，二つのさいころで6のゾロ目が出る確率を間違えたライプニッツと本質的に同じ過ちである．ここは，理論的に論じるのではなく，実験を行ってみるというのはどうだろうか．2枚の硬貨を投げて，2枚とも表，2枚とも裏，裏と表がそれぞれ1

枚になる回数の割合を計算してみよう．それぞれの硬貨は子供の性別を表していて，表と裏になる確率はそれぞれ 1/2 である．ここで，男-女は女-男と区別すべきではないと考える人が正しいのならば，硬貨の 2 枚の 3 通りの組合せは，それぞれ投げた回数の約 3 分の 1 ずつ起きなければならない．では，硬貨を 100 回投げて確かめてみよう．私が正しければ，2 枚とも表は約 25 回，2 枚とも裏は約 25 回，そして 1 枚が表で 1 枚が裏は約 50 回になるはずだ．あなたが正しければ，それぞれ約 33 回ずつでなければならない．

あなたが，私と同じように面倒くさがりならば，硬貨を投げる代わりに計算機を使って乱数を生成させてもよい．私がやった 100 万回のシミュレーションの結果は次のとおりだ．

    2 枚とも表：   250,025 回
    2 枚とも裏：   250,719 回
    1 枚が表で 1 枚が裏： 499,256 回

しかし，私の言葉を鵜呑みにせず，ぜひご自身で確認していただきたい．

また別の主張としては，一方の子供が女の子だとわかっていようがいまいが，もう一方が男の子か女の子であるかは同様に確からしいというのもある．この主張は興味深く，また，なぜこれが間違っているのかを理解するのは有益である．簡単に言うと，鍵となるのは，二人の子供がともに女の子であれば，「もう一方の（子供）」が一意にはならないということだ．これは，たとえば，「上の（子供）」のように，私の考えているのがどちらの女の子かを特定してはじめて一意になるのである．まさに，これが二つの場合を異なる結果に導くのだ．このため，男の子と女の子が均等だという前提が崩れて，条件付き確率も変わるのである．

実際，考えてみれば，「上の子は女の子だ」という主張は「少なくとも一人の子供は女の子だ」という主張よりも多くの情報を伝えている．（前者は後者を含意するが，後者は必ずしも前者を含意しない．）したがって，それぞれに対応する条件付き確率が異なっていても，とくに驚くことではない．

また，私が当初この記事を書いた後に起きた法曹界での進展についても報告しておこう．法律の専門家にそれほど数学の知識があるわけではないことは示唆されており，陪審員はさらに数学の知識がないと考えられている．大々的に報道された英国の暴行事件では，統計学者が鑑定人として陪審員にわかりやすい言葉でベイズの定理を説明し，被告は有罪を宣告された．被告弁護人は，ベイズの定理を用いることを望まない陪審員に代替手段が与えられていないという理由で控訴した．この控訴は棄却されたが，控訴院の裁判官は，ベイズの定理やそれに類するものが刑事裁判に使われだしていることを鑑みて，こう公表した．「不適切かつ不必要な理論の込み入った領域に飛びつき，陪審員本来の任務から外れてきている」控訴は棄却されたものの，ベイズの定理の法的な扱いは宙ぶらりんのままである．

　手の込んだ数学で陪審員が煙に巻かれうるというのはそのとおりだが，弁護人がそうするのを判決で阻止することはできず，注目を集める裁判の決め手として，確率論が悪用されることもあるだろう．しかし，こういった濫用を見つけ出すのに役立つ，まさにこの目的に相応しい数学的原理が，愚かな面々には難しすぎるという理由によって，今や陪審員から取り上げられてしまったようだ．

ウェブサイト

取調官の誤審全般：

http://ourworld.compuserve.com/homepages/rajm/interro.htm

DNA 鑑定法：

http://en.wikipedia.org/wiki/Genetic_fingerprinting

http://ja.wikipedia.org/wiki/DNA型鑑定

http://en.wikipedia.org/wiki/Prosecutor%27s_fallacy

http://www.dcs.qmul.ac.uk/researchgp/spotlight/legal.html

サリー・クラーク裁判：

http://www.sallyclark.org.uk/

http://en.wikipedia.org/wiki/Sally_Clark

13
迷路の中のウシ

　お待ちかね，ついに牛の話だ！　しかし，牛を見つけるには，迷路を通り抜けなければならない．それも生垣や袋小路などがある普通の迷路ではない．論理の迷路だ．必要なのは2本の鉛筆で，迷路を抜ける経路はどちらの鉛筆を選ぶかに依存する．最後まで行ければ，ほうびとして牛が待っている．

娯楽数学において迷路はたびたび主役を演じる．本格的な数学においても，迷路は，読者が想像するよりもずっと一般的である．なぜなら，実際，あらゆる数学研究において，主張の論理的迷路を通り抜ける道を見つけることが要求されているからである．ここでは，妥当な論理的推論によって，それぞれの主張から次の主張へと進むのが道になる．「牛はどこ？」は，フロリダ州ジュピターに住むロバート・アボットが考案した新種の迷路で，図形的でもあり論理的でもある．アボットの著書 *Supermazes* からそれを紹介しよう．

数学ゲームの昔からの熱烈な愛好者なら，マーチン・ガードナーが 1959 年と 1977 年の記事で扱ったエリュシスというカードゲームの考案者としてアボットを記憶していることだろう．その魅力は，論理を使ったひと工夫が施されていることである．エリュシスにおいて，一人を除いた全員のプレーヤーの目的は，規則に従って対戦することではなく，規則を当てることなのだ．残りの一人のプレーヤーの仕事はその規則を考案することである．アボットの迷路「牛はどこ？」もまた，論理を用いたひと工夫があり，それは自己参照になっている．自己参照文は，論理学者や哲学者に数多くの問題をもたらす．たとえば，すべてのクレタ人は嘘つきだと言ったクレタ人エピメニデスにまつわるパラドックスは，単純化すると次の文になる．

　　　この文は正しくない．

さて，この文は正しいのか，正しくないのか．どちらにしても，進退窮まってしまう．また，次のような相互参照文もある．

　　　この下の文は正しい．
　　　この上の文は正しくない．

ここは論理の地雷源なのである．

ここから脱出する方法の一つは，文の真偽を 1/2 真とか 3/10 偽のような連続的な値をとるようにすることだ．また別の方法は，文の真偽が動的に変わるのを許すことだ．1993 年 2 月の数学レクリエーションの記事で，私はゲイリー・マーとパトリック・グリムの成果を紹介した．彼らは，この動的な真偽のアプローチが論理的なフラクタルやカオスに至ることを発見した．しかしながら，

単に自己参照の不思議さにどっぷりと浸かるという方法もあり，それこそがこれからやろうとしていることである．

アボットはこう述べている．「論理学者にとって自己参照はあきらかに重要な研究領域である．しかし，本当に重要な問題（もちろん，実際には私の立場から重要ということだが）はこうだ．迷路をもっと混沌とさせるために自己参照を使うことができるか．その答えが『可能だ』と報告できることはまことに喜ばしい」

迷路「牛はどこ？」は，1ページに収めるには大きすぎるので，図 13.1(a) と図 13.1(b) の 2 ページにまたがっている．これに書かれた文章が自己参照になっているだけでなく，プレーヤーの動きに従って迷路の規則も変わっていく．箱の中に書かれた文章の字体は，通常（ローマン）体，太字体，斜字体の 3 種類がある．（アボットの本では，黒，赤，緑の 3 色で書かれていたが，本書では色が使えないためにこのように変更した．しかし，迷路の抽象的構造に影響はない．）たとえば，箱 1 や箱 2 のように，このような字体の違いが重要になる．

この迷路を通り抜けるには，両手が必要になる．そして，それぞれの手に鉛筆か指示棒のようなものをもち，今どの箱にいるのかがわかるようにしておく．あるいは，二つの駒をそれぞれ箱の上に置くのでもよい．

最初は，一方の鉛筆が箱 1 を，もう一方の鉛筆が箱 7 を指すようにする．箱に振られた番号は必ずしも連番にはなっていないが，ある意図に沿って振られている．ゲームの目的は，少なくとも一方の鉛筆が牛の絵の描かれた箱（この箱を以降では COW と表記する．）を指すまで手を打ちつづけることである．アボットは，この箱を「ゴール」と名付けて箱 50 以外には「牛」が現れないようにしたが，本書のように牛を迷路に追加しても答えは変わらない．

一手を進めるには，まずどちらか一方の鉛筆を選び，その鉛筆が指している箱に書かれた指示に従う．これだけだ．箱 55 の指示に従う場合を除いて，これ以外の選択肢はない．繰り返すが，どちらの手にもった鉛筆かを選んだ後で，その鉛筆が指している箱の指示に従うこと．これを忘れるとどうなるかは，「読者からの反応」を参照されたい．

たとえば，最初の鉛筆の位置から，箱 7 を指している鉛筆を選んだとしよう．箱 7 には「もう一方の鉛筆が指している箱の番号は奇数か」と書かれている．

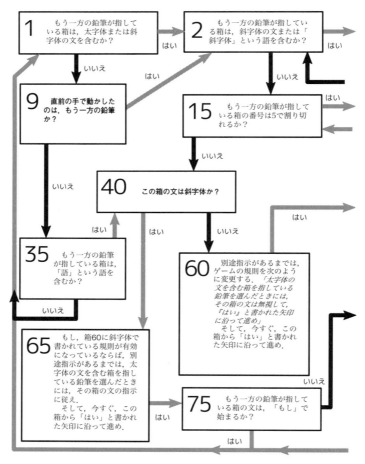

図 13.1(a)　牛はどこ？ 2 本の鉛筆がそれぞれ箱 1 と箱 7 を指すところから始めて，どちらか一方の箱を選んだら，その箱に書かれた規則に従う．これを繰り返して，一方の鉛筆が COW を指せば，上がりである．

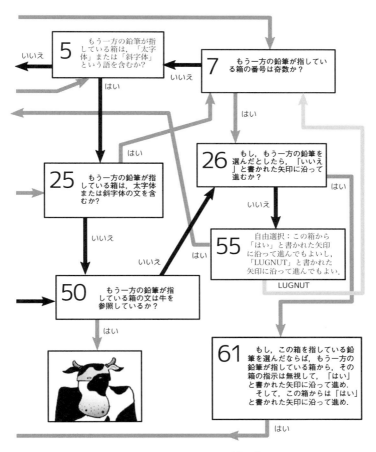

図 13.1(b) 牛はどこ？（続き）

このとき，もう一方の鉛筆は箱 1 を指していて，1 は奇数なので，この答えは「はい」である．したがって，箱 7 を指している鉛筆を「はい」と書かれた矢印に沿って移動させると，その鉛筆は箱 26 を指すことになる．今回は，箱 1 を指しているもう一方の鉛筆は動かさない．

簡単だと思うだろうか．しかし，しばし待たれよ．次に選んだのが箱 26 を指している鉛筆だとしよう．そこにはこう書かれている．「もう一方の鉛筆を選んだとすると，『いいえ』の矢印に沿って進むか」ふうむ．もう一方の鉛筆は（まだ）箱 1 を指している．その鉛筆を選んだとしたら，その質問は「もう一方の鉛筆が指している箱に，太字体か斜字体の文があるか」であっただろう．この質問の「もう一方の鉛筆」というのは，今，箱 26 を指している鉛筆のことだが，その箱の文は太字体で書かれている．したがって，箱 1 の質問に対する答えは「はい」であり，その鉛筆は「はい」の矢印に沿って進むことになる．結局，箱 26 の質問に対する答えは「いいえ，『いいえ』の矢印に沿っては進まない」である．つまり，箱 26 の鉛筆は，「いいえ」の矢印に沿って進み，箱 55 を指すようになる．

ふう，これでやっと一手が完了．

ほとんどの箱には質問が書かれていて，その質問に対する答えに応じて次の箱に進む矢印が決まる．しかしながら，いくつかの箱だけはまったく違う働きをする．箱 61 には，両方の鉛筆を動かすように書かれていて，この場合は，両方の鉛筆を動かし終えて初めてこの「手番」の完了となる．また，箱 55 から出ていく矢印の一つに，通常の「いいえ」ではなく「LUGNUT」と書かれている．このことが鉛筆の動きに違いを生じさせる．たとえば，鉛筆がそれぞれ箱 26 と箱 55 を指していて，次の手として箱 26 を指している鉛筆を選んだときなどである．

特に過激なのは，箱 60 と箱 65 である．これらの箱の指示は，箱から箱に移る規則を変更する．箱 60 は，太字体の文章が書かれた箱から出ていくときの通常の規則を一時的に無効にし，それを「常に『はい』の矢印に沿って進め」という規則に変更する．この規則を「規則 60」と呼ぶことにしよう．箱 65 は規則 60 を取り消し，通常の規則に戻す．これらの変更は，鉛筆がその箱を指しただけでは駄目で，それぞれの箱を指している鉛筆を選んだときにはじめて発効

されるのだ．すなわち，箱 60 を指している鉛筆を選んだときに規則 60 が有効になり，箱 65 を指している鉛筆を選んだときに規則 60 は無効になる．それぞれの箱の指示は，実質的にもう一方の箱の指示を無視せよというものだが，これらから自己参照の問題は生じない．なぜなら，どちらの箱の指示に従うかを選ばなければならないからだ．

同時に二つの箱の指示に従うことはない．

どれだけ論理的な末節にまでこだわるかによって，いくつかの箱の指示は曖昧に思えるかもしれない．箱 5 の質問は，もう一方の鉛筆が指している箱の文章に「太字体」か「斜字体」が含まれるかというものだ．たとえば，もう一方の鉛筆が箱 1 を指していたならば，その答えはあきらかに「はい」で，箱 15 を指していたならば，その答えは「いいえ」である．しかし，その鉛筆も箱 5 を指していたとしたら，どうなるだろう．「太字体」を囲む引用符によって，この文章は「太字体」を含むのではなく，（引用符で囲まれた）「「太字体」」を含んでいるのではないか．アボットの解釈は，引用符は無視してよいというもので，迷路を抜け出したいならば，その解釈に従う必要がある．したがって，両方の鉛筆が箱 5 を指している場合には，箱 5 の質問に対する答えは「はい」になる．

箱 50 の質問は，もう一方の鉛筆が牛を参照している文章の箱を指しているかというものだ．「牛」という単語は箱 50 以外には現れないことを除いて，なんの捻りもない質問である．しかし，もちろん，両方の鉛筆が箱 50 を指していれば，この質問に対する答えは「はい」になり，鉛筆を COW に進めてゲームは終了する．ただし，箱 50 は牛を参照しているのではく，牛への参照を参照していて，それらをまったく別物だと主張しなければの話だが．もしあなたがそう考えたとしたら，この迷路からけっして抜け出すことはできない．したがって，この種の哲学的な重箱の隅をつつくべきではない．

ちなみに，（私が追加した）牛の絵は，牛を参照している文章ではない．しかし，鉛筆がこの牛を指しているならば，いずれにしろ迷路を抜け出しているので，この点に関してとくに問題にはならない．

このあたりで，この迷路を抜け出す唯一の方法は両方の鉛筆が箱 50 を指すようにすることだと思い込んでいるかもしれない．箱 60 がなければこれは正しいが，箱 60 によって規則が変更されるのだ．箱 60 の効力がある間に鉛筆が

箱50を指せば，もう一方の鉛筆がどこにあろうと，迷路を抜け出すことができるのである．実際には，迷路の規則に従いながらも箱50から「はい」の矢印に沿って進み，迷路を抜け出すことのできるまた別の方法がある．それを見つけることはできるだろうか．

　起こりうるもっとも奇妙な状況は，両方の鉛筆が箱26を指しているときだ．このとき，箱26の質問は実際に自己参照的になり，それを解決する方法はない．そうすると，どうなるのか．抜け目のないアボットは，両方の鉛筆が箱26を指したときは必ず規則60が有効になっていて，箱26の文章は無視されるようにこの迷路を作ったのだ．両方の鉛筆が箱61を指しているときも，同様である．

　今ここでやってみるべきことは，とにかく誰の助けも借りずにこの迷路に挑戦してみることだ．そして，これは手に負えないと思ったならば，本文の最後にヒントがあり，その後に完全な答えを用意しておいた．読者からの反応では，規則を解釈する際によくある過ちに対する注意を促している．

　ついうっかりとヒントを読んでしまわないよう，ここで質問しておこう．「これは本当に迷路なのか，そして，そうであれば，なぜ迷路と言えるのか」

　伝統的な迷路は，固定された経路によるネットワークで，イチイの植え込みを刈り込んで作られているか，紙の上に描かれている．さらに，通常，迷路の中を動くのは単独のものであって，二つのものが動くことはない．このような前提のもとで，迷路を通り抜けるのに使える一般的な数学的手法がいくつかある．その中で，「深さ優先探索」アルゴリズムは，可能な限り新しい区域に踏み入るように探索を進めるというものだ．このアルゴリズムがどのように働くかを理解するには，まず迷路の中で複数の経路のいずれかを選ぶ必要のある地点，すなわち，複数の経路が集まる地点を「節点」と定義する．このとき，深さ優先探索の処理は次のようになる．

1. 出発点から探索を開始する．
2. 現在の節点に隣接する節点で，まだ訪れたことがないものがあれば，その節点に移動し，こうできなくなるまでこれを続ける．
3. こうできなくなったら，そこまでにたどってきた経路を逆戻りして，まだ

訪れていない節点に隣接する節点まで戻ったら，そこからそのまだ訪れていない節点を訪れる．そして，前項に戻って，処理を続ける．
4. 逆戻りをした経路は，二度と使わない．

　この手順に従えば，ゴールを含めて迷路のすべての場所を訪れることが保証される．ゴールが出発点と経路で結ばれていないならば，それはなんともお粗末な迷路ということになる．

　一見すると，この方法は「迷路の中のウシ」に使えないように思える．なぜなら，途中で規則が変更になることで，たどることのできる経路が変わるし，どちらの鉛筆を選ぶかでどう動くのかも変わるからである．しかしながら，早合点は禁物である．実際には，「迷路の中のウシ」は，非常に複雑ではあるが標準的な迷路と等価なのである．まず，箱60と箱65による規則の変更は，ひとまず忘れておく．これらをどう扱うかは後ほど説明する．最初にすべての相異なる「配置」，すなわち2本の鉛筆が指す番号の対を列挙する．このとき，COWも番号と同じように扱う．たとえば，(1,7) は，一方の鉛筆が箱1を指し，もう一方の鉛筆が箱7を指すことを表す．ここで，(7,1) も (1,7) と同じ配置を表している．なぜなら，どちらの鉛筆がどちらの箱を指しているかは気にしなくてよいからである．これらの番号の対それぞれが新しい迷路の節点になる．次に，すべての規則に従った手を列挙する．たとえば，(1,7) から (1,26) や (2,7) へ移ることはできるが，それ以外の対に移ることはできない．これらの手がそれぞれ節点を結びつける経路になる．これで，従来どおりの迷路ができあがり，この迷路の任意の解は「迷路の中のウシ」の解に変換できる．ただし，この迷路には一つだけ変わった特徴がある．(COW, ?) および (?, COW) の形の節点はどれもこの迷路の「出口」なのだ．なぜなら，一方の鉛筆がCOWに到達できれば，「迷路の中のウシ」迷路を抜け出したことになるからである．

　箱60と箱65による規則の変更は，ともに規則60の影響を受ける．この変更を取り扱うために，規則60が有効である間の配置には*印を付加する．したがって，(1,7) は，一方の鉛筆が箱1を指し，もう一方の鉛筆が箱7を指し，規則60は有効ではないことを表す．それに対して，(40,50)*は，一方の鉛筆が箱40を指し，もう一方の鉛筆が箱50を指し，規則60が有効なことを表す．ここ

でも、すべての*付きおよび*無しの対を列挙し、それらの間の規則に従った手を調べ上げて、その結果をそれぞれ迷路の節点およびそれらを結びつける経路と考える。これで、規則60が有効になっているときも迷路を修正しなくてもよい。ただ、*付きの節点に移ればいいのだ。「迷路の中のウシ」をしらみ潰しで解くのならば、計算機の中にこのような迷路を構成し、深さ優先探索を行えば、答えがはじき出されるだろう。

しかし、しらみ潰しに頼りたくないとしたら、どうすればいいだろうか。そのための戦略がいくつかある。その一つは、迷路の鍵となる特徴を見つけることである。たとえば、COWに到達するためには、鉛筆が箱50を指していて、そこで正しい答えが「はい」になるような状況でなければならない。こうなるには、すでに述べたように3通りの方法がある。規則60が有効なら、箱40からは「はい」の矢印に沿って進むしかなく、規則60が有効でなければ、箱40からは「いいえ」の矢印に沿って進むしかない。また、別の技巧として、そこに行きたいと望む配置から逆に調べて、どこからその配置に行けばよいかを知るというのもある。そして、迷路を通り抜ける部分的な経路を十分に集めれば、それらを組み合わせて完全な経路にすることができるかもしれない。

ヒント

すべての手を尽くしても、お手上げ状態ならば、いくつかのヒントをさしあげよう。

- COWに到達するには、両方の鉛筆が箱50を指す配置(50,50)に到達したときに、規則60が有効であってはならない。これ以外に迷路を脱出できそうな2通りの方法は、実際には実行不可能である。
- (50,50)に到達するためには、まず(35,35)に到達しなければならない。そこから18手でCOWに到達できる。

- (35,35) に到達するためには，(61,75) に到達して，そこから鉛筆が箱 61 を指すように動かさなければならない．すると，両方の鉛筆が箱 1 を指すように動かすことができる．そこから (35,35) に行くのは簡単である．
- 出発点の (1,7) から (61,75) に行くには数多くの行き方がある．その行き方はどれも，まず規則 60 を有効にして，それからもう一度箱 65 に行って規則 60 を無効しなければならない．

解答

それぞれの対において，下線を付けた数は，次に動かすことを選んだ鉛筆が指している箱を表す．対に付加した*印は，規則 60 が有効であることを示している．(1,<u>7</u>), (<u>1</u>,26), (<u>2</u>,26), (<u>15</u>,26), (26,<u>40</u>), (<u>26</u>,60), (55,<u>60</u>), (<u>25</u>,55)*, (<u>7</u>,55)*, (<u>26</u>,55)*, (<u>55</u>,61)*, (<u>15</u>,61)*, (<u>40</u>,61)*, (61,<u>65</u>)*, (<u>61</u>,75), (1,<u>1</u>), (1,<u>9</u>), (<u>1</u>,35), (<u>9</u>,35), (35,<u>35</u>), (35,<u>40</u>), (35,<u>60</u>), (<u>25</u>,35)*, (<u>7</u>,35)*, (<u>26</u>,35)*, (35,<u>61</u>)*, (<u>1</u>,35)*, (<u>9</u>,35)*, (<u>2</u>,35)*, (<u>15</u>,35)*, (5,<u>35</u>)*, (<u>5</u>,40)*, (25,<u>40</u>)*, (25,<u>65</u>)*, (<u>25</u>,75), (50,<u>75</u>), (50,<u>50</u>), COW.

これは (61,75) に至るまでに 14 手を要し，アボットが最短と予想したものである．（誰かこれを証明できるだろうか．）ここまでは，いくつもの別解が考えられる．残りの部分は，(5,65)* を (25,40)* で置き換えられることを除いて，これが唯一の解である．

読者からの反応

「迷路の中のウシ」は，少なからぬ娯楽と刺激をもたらしてくれた．もっと短い解がある，もっといい解がある，私の答え（すなわち，アボットの答え）に間違いがある，などと主張する読者からの反応によって，何度慌てさせられたことだろう．何人もの読者は，どのような解も (50,50) になったときには規則 60 が有効でなければならないというのは間違っていると主張した．しかしながら，私はそうならない解があるかどうかも調べ，いずれの場合もどこかに間違いがあることがわかっている．

本文と同じように，下線を付けた数は次にその箱を指している鉛筆を動かすことを表し，*印は規則 60 が有効であることを示す．ある読者は，(1,<u>7</u>),

(1,26), (1,55), (1,15), (9,15), (35, 15), (35,40), . . . と始めようとした．しかしながら，これは，(35,15) から箱 15 の質問「もう一方の鉛筆が指している箱の番号は 5 で割り切れるか」に従って動くことになる．この答えは「はい」なので，次は (35,40) ではなく (35, 5) でなければならない．

(1,7), (2,7), (15,7), (15,26), (15,61), (40,61), (60,61), (25,61)*, (7,61)*, (26,61)*, (61,61)*, (1,61)*, (2,61)*, (15,61)*, (40,61)*, (65,61)*, (75,1), (50,1), COW が解だという主張には，さらに興味深い間違いがある．これを考えた読者は，(65,61)* から (75,1) に移ることで「規則 60 は無効になる」と考えた．これは，あきらかに誤解している．(65,61)* に到達して，箱 61 を指している鉛筆を選んだならば，規則 60 は有効なので，太字体の文章，すなわち箱 61 の文章は無視しなければならない．これによって，(65,1) に移ることになる．なぜなら，規則 60 は，選んだほうの鉛筆が指している箱から「はい」の矢印に沿って進むように指示しているからだ．(75,1) に移るためには，箱 61 の太字体の文章が指示するように，両方の鉛筆を動かさなければならないが，規則 60 が有効なときにはそうできない．

多くの誤解は，箱 60 の規則が有効になっているときの勘違いが原因である．箱 60 の規則も，ほかの箱の指示と同じように，その時点で箱 60 を指している鉛筆を動かすことを選んだときに有効になる．一方の鉛筆が箱 60 に移るやいなや有効になるのではない．なぜなら，次の手でその鉛筆を選ばないかもしれないからである．アボットの解は，規則 60 が有効でないときに，(26,60) から (55,60) への移動を含んでいる．これは，箱 26 を指している鉛筆を選んでいるので，この時点では箱 60 の規則は有効にならないのだ．私に手紙をくれた人は，箱 60 の指示には「今すぐ」と書かれていることを根拠に反論したが，この語は相対的である．箱 60 の指示は，箱 60 を指している鉛筆を選んで動かそうとするときに何をすべきかを記述している．どちらの鉛筆を動かすかを選ばなければ，その鉛筆が指している箱の指示は適用されないのだ．

ウェブサイト

迷路全般：

　http://en.wikipedia.org/wiki/Maze

　http://ja.wikipedia.org/wiki/迷路

ロバート・アボットのウェブサイト：

　http://www.logicmazes.com/super.html

論理迷路：

　http://www.logicmazes.com/

オンライン迷路：

　http://www.clickmazes.com/

迷路の歴史：

　http://gwydir.demon.co.uk/jo/maze/

14

騎士の巡歴

　チェスのナイトを動かして盤上のすべてのマスを訪れるパズルは，少なくとも 1200 年前からある．そして，数多くの数学的な研究がなされてきたにもかかわらず，まだわかっていないことが山ほどある．長方形の盤に限ったとしても，解明されていない問題があるのだ．しかし近年，その大問題のいくつかが解かれた．

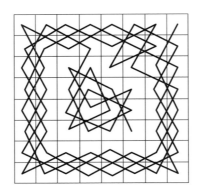

図 14.1 ド・モアブルによる騎士の巡歴

娯楽数学における古くからのお気に入りの一つに「騎士の巡歴」がある．これは，さまざまな形状や大きさの盤でチェスのナイトを移動させ，その盤のそれぞれのマスを一度ずつ訪れるようにするというものだ．（ナイトは，盤のある辺に平行に2マス進んだら，それとは直角に1マス進むように動くことに注意されたい．）最後の一手の後にもう一手を打って最初のマスに戻ることができるなら，この巡歴は閉じているという．チェス盤での騎士の巡歴の典型的な例を図 14.1 に示す．これは，1800 年以前にエイブラハム・ド・モアブルが発見したものだ．この巡歴は閉じていない．このパズルにおいて，チェス盤は単なる 8×8 の格子状のマスにすぎない．それ以外の形状については，すぐに調べることにする．

騎士の巡歴には長い歴史がある．9世紀にカシミールの詩人ルドラタはサンスクリット語の詩カーヴィヤーランカーラを書いた．この詩には，一連のアクセントのある音節のパターンとして，4×8（チェス盤のちょうど半分）の盤上の騎士の巡歴が埋め込まれているのだ．明示的な幾何学の問題としては，1700年前後の英国の数学者ブルック・テイラーに端を発するものと思われる．テイラーは通常の 8×8 のチェス盤での問題を考えた．テイラーに最初に解を送ってきたのはド・モンモールとド・モアブルで，ジャック・オザナムの *Récréations Mathématiques et Physiques* の 1803 年版に掲載されている．騎士の巡歴を見つけるための最初の系統的な手法は，1823 年に H・C・ワルンスドルフによっ

て発表された．以来，この問題はチェス盤以外の形状の盤や3次元の「盤」，さらには無限に広い盤にまで拡張されてきた．

騎士の巡歴に関する文献は多岐にわたって散在している．その中には，ヘンリー・アーネスト・デュードニーの *Amusements in Mathematics* やウォルター・ウィリアム・ラウズ・ボールとハロルド・スコット・マクドナルド（ドナルド）・コクセターの *Mathematical Recreations and Essays*，モリス・クライチックの *Mathematical Recreations* などの古典もある．しかし，1991年にアレン・J・シュウェンク（西ミシガン大学，カラマズー）は，現存する文献にはいかにもありそうな問題の答えが見当たらないことに気がついた．それは，どの矩形状の盤には閉じた騎士の巡歴が存在するか，である．多くの情報源によれば，シュウェンクの問題はレオンハルト・オイラーかアレクサンドル・テオフィール・ヴァンデルモンドが解いたとされているが，実際の結果や証明は見つけられなかった．前述の文献の中では，クライチックは答えを提示するあと一歩のところまできていたが，長方形の一方の辺の長さが7以下という前提を置いていた．ラウズ・ボールは8×8の場合だけを扱っている．デュードニーは8×8の場合に還元できるいくつかの問題や，$8 \times 8 \times 8$の立方体の表面を巡歴する問題を出題している．

いずれにしろ，シュウェンクは，埃をかぶった文献をひっくり返して調査するよりも自分自身で解を見つけたほうが楽しいと考えた．シュウェンクが見つけた解は，数学を学ぶ生徒にも説明できるくらい簡単で，離散数学の問題に対する典型的な解き方を浮き彫りにしている．それは，いくつかの技術的詳細を除けば，ほとんど誰にでも理解できるものである．ここで，シュウェンクの明解な分析を簡単に紹介しよう．詳細については，参考文献を参照のこと．

騎士の巡歴の問題は，数学的にはグラフの「ハミルトン閉路」を見つけることに帰着される．グラフはいくつかの点（頂点）どうしを線（辺）で結んだものである．ハミルトン閉路はすべての頂点をちょうど一度ずつ訪れる閉じた道である．与えられたチェス盤に対応するグラフは，それぞれのマスの中心に頂点を置き，ナイトの一手で移ることのできる頂点どうしを辺で結んだものである（図14.2）．チェス盤を市松模様に塗り分けたときの色に対応させて，頂点は黒色か白色のいずれかだと考えると便利である．ナイトが一手動くと，ある

 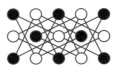

図 14.2　3×5 の盤とそれに対する騎士の巡歴のグラフ

 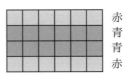

図 14.3　ゴロムとポーザによる 4×6 の盤の塗り分け

色の頂点からそれとは反対の色の頂点に移動することになるので，どのようなハミルトン閉路であっても白い頂点と黒い頂点が交互に現れなければならない．このことから，頂点の総数は偶数でなければならないこともわかる．3×5 の盤には 15 個の頂点があり，これは奇数なので，（試してみるまでもなく）3×5 の盤には閉じた騎士の巡歴はないことが証明できた．m と n がともに奇数であれば，どのような $m \times n$ の盤でも同じことが言える．

　この種の主張は，数学者の間では，偶奇性による証明として知られている．それは，偶数か奇数かの違いを用いて証明するからである．これが騎士の巡歴の不可能性の証明に用いられていることもよく知られている．これに比べてあまり知られていないのは，ソロモン・ゴロムによって考案されルイス・ポーザが改良した，さらに巧妙に偶奇性を使って，どのような $4 \times n$ の盤にも閉じた騎士の巡歴はないことを示す証明である．ポーザの改良版では，最上行と最下行を赤，中央の 2 行を青とするもう一つの塗り分けが導入された（図 14.3）．本来のゴロムの証明では，この二つを組み合わせた塗り分けが使われていた．

　ここで，ポーザの方式による証明を紹介しよう．赤青の塗り分けでは，もはや青い頂点が赤い頂点とだけ結ばれているとは言えない．なぜなら，いくつかの青い頂点どうしが結ばれているからである．しかしながら，すべての赤い頂

点と結ばれているのは青い頂点だけである．したがって，どのようなものにせよハミルトン閉路があったとしたら，その中でそれぞれの赤い頂点は青い頂点の連鎖で互いに分離されている．しかし，赤い頂点と青い頂点の個数は等しいので，この閉路の中で赤い頂点と青い頂点は交互に現れなければならない．また，従来どおりのやり方で白と黒で頂点を塗り分けた場合にも同じことが言える．したがって，左上隅からナイトを動かしはじめたとすると，すべての赤い頂点は黒で，すべての青い頂点は白になる．しかし，あきらかにこの2種類の色の塗り分け方は相異なるので，このようなことは起こりえず，ハミルトン閉路は存在しえないのだ．

これで，閉じた騎士の巡歴をもつ矩形状の盤のシュウェンクによる見事な特徴付けを述べることができる．$m \times n$のチェス盤（重複を避けるために$m \leq n$とする）で騎士の巡歴が可能となるのは，

- mとnがともに奇数
- mが1，2，4のいずれか
- $m = 3$でnが4，6，8のいずれか

のいずれも成り立たない場合に限る．その証明の概略は次のとおりだ．mとnがともに奇数の場合と$m = 4$の場合はすでに不可能性を証明した．mが1または2の場合は，ナイトが盤を動き回る十分な余地のないことがすぐにわかる．実際，左上隅の頂点につながる辺は1本しかないので，そこを通るような閉路はない．3×4の盤の場合は，ポーザの証明で不可能性が証明されている．3×6の盤の場合は，3列目の一番上と一番下の頂点を取り除くと，グラフは連結でない三つの部分に分かれる．しかしながら，ハミルトン閉路から2個の頂点を取り除くと必ず連結でない二つの部分になるので，3×6の盤にはハミルトン閉路がないことがわかる．3×8の盤の場合はさらに複雑なので，シュウェンクの記事を参照するか，自分で証明できるか試してみてほしい．（3×8の盤の場合の簡単な不可能性の証明を見つけることができたならば，ぜひ教えてほしい．）

これで，指定された場合には騎士の巡歴が不可能であることが証明できた．あとは，それ以外の大きさの盤では，巡歴が存在することを証明しなければならない．ここで鍵となる考え方は，$m \times n$の盤における巡歴に，ある固有の条

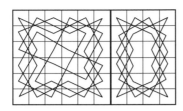 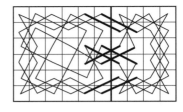

図 14.4 既存の解（盤の左側の 6×6 の部分）に対して 4 列を追加し，それらを太線で相互接続する．

件を満たす辺が存在すれば，$m \times (n+4)$ の盤における巡歴に常に拡張できるということだ（図 14.4）．さらに，この固有の条件は，こうして拡張した盤においても成り立つので，盤を拡張する処理をいくらでも繰り返すことができるのである．また，対称性によって，$m \times n$ の盤における巡歴は，$(m+4) \times n$ の盤における巡歴に常に拡張できるのだ．

したがって，たとえば，5×6 の盤における巡歴から始めると，5×10, 5×14, 9×6（つまり 6×9），9×10, 9×14, 13×6, 13×10, 13×14 といった盤における巡歴が見つけられる．このように始点となる盤から生成されるすべての大きさの盤で騎士の巡歴が存在することが保証される．そして最後は，すべての必要な大きさの盤を生成するのに十分な種類の始点となる盤があることを示せばよい．それには次の9種類の盤で十分なことがわかる．それは，5×6, 5×8, 6×6, 6×7, 7×8, 6×8, 8×8, 3×10, 3×12 の盤である（図 14.5）．10×3 の場合は，すでにゴロムにより解かれている．これらの盤およびそれを90度回転させたものから始めて，それぞれの辺の長さを4の倍数だけ増やすことを繰り返すと，すべての可能な大きさの盤を生成することができる．これで証明は完了した．

14 騎士の巡歴 169

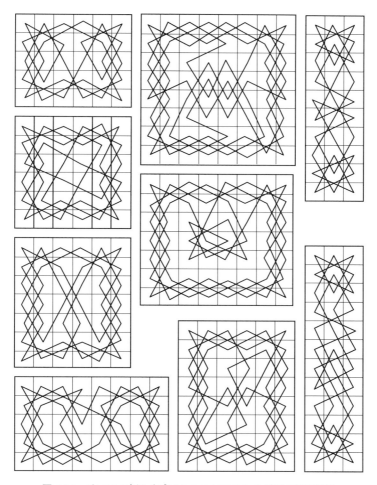

図 14.5 すべての解を生成することができる 9 種類の初期配置

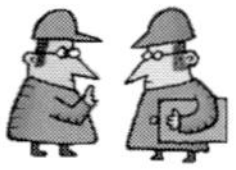

読者からの反応

コネチカット州ウエストハートフォードに住むアンディ・キャンベルは，魔方陣になる騎士の巡歴の古くからある問題を思い出せてくれた．これは，8 × 8 の盤における騎士の巡歴で，ナイトの移動する順に 1 から 64 までをマスに割り振ると，これが魔方陣になるというものだ．すなわち，それぞれの行の和，それぞれの列の和，それぞれの対角線の和がすべて等しくなる．最近（私がこの記事を書いた時点）まで，このような巡歴の存在は証明も反証もされていなかった．しかしながら，いくつかの「惜しい」解は知られていた．それぞれの行の和とそれぞれの列の和はすべて等しいが，二つの対角線の和はそれに等しくない方陣を準魔方陣といい，1882 年に E・フランコニーが準魔方陣になる騎士の巡歴を発見した（図 14.6）．その行の和と列の和はいずれも 260 だが，対角線の和は 264 と 256 になっている．

この「惜しい」解がずっと生きながらえてきたのには，それなりの理由がある．2003 年に，合計で 2 ヶ月以上の処理時間を要した計算の結果，魔方陣になる騎士の巡歴は存在しないことが証明されたのだ．その証明は，参加を希望する人々がソフトウェアをダウンロードし，自分の計算機で自

2	59	62	7	18	43	46	23
61	6	1	42	63	24	19	44
58	3	60	17	8	45	22	47
53	16	5	64	41	20	25	36
4	57	52	9	32	37	48	21
15	54	13	40	49	28	35	26
12	51	56	31	10	33	38	29
55	14	11	50	39	30	27	34

図 14.6　対角線を除いて魔方陣になっている騎士の巡歴

分の都合のよいときに割り当てられた部分の作業を実行する「分散処理」によって行われた．ジーン・メイリニャックが書いたそのソフトウェアは，ギュンター・スターテンブリンクによってウェブサイトに置かれたので，それぞれの参加希望者は独立に問題の一部分に取り組み，その結果を送り返すことができた．この作業を通じて140種類の準魔方陣になる巡歴が見つかったが，すべての可能性を調べ尽くした結果，魔方陣になる巡歴は存在しないことがわかった．詳細については，章末のウェブサイトを参照のこと．

コロラド州デンバーに住むリチャード・ウルマーは，私の示した 6×6 の例は，（全部で9,862通りある）騎士の巡歴の中で90度の回転対称性をもつ10通りの一つだと指摘した（図14.7）． $3 \times n$ の盤で騎士の巡歴が存在する最小の n は10であることはすでに述べた．ウルマーは，この 3×10 の盤における騎士の巡歴は16通りであることを計算した．また，3×11 の盤には176通り，3×12 の盤には1,536通り，と続けて，3×42 の盤には107,141,489,725,900,544通りと計算した．そして，5×6 の盤には8通り，5×8 の盤には44,202通り，そして 5×10 の盤には13,311,268通りの巡歴がある．

また，ウルマーは，対称的な解についても調べた．たとえば，対角線に関して対称な騎士の巡歴は存在しない．長方形の二つの辺の長さがどちらも偶数であれば，長方形を垂直または水平に二分する軸に関して対称な巡歴も存在しない．そして，縦の長さが奇数ならば，長方形を水平に二分す

図 14.7 6×6 の盤での10種類の回転対称な解

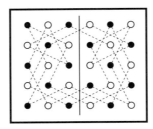

図 14.8　6×5 の盤での左右対称な解

る軸に関して対称な巡歴もありえない．しかしながら，いくつかの盤では線対称な巡歴が存在する（図 14.8）．具体的には，一方の辺の長さが奇数で，もう一方の辺の長さは奇数の 2 倍になっている盤には巡歴が存在する可能性があるのだ．いくつかの小さな盤での例外を除くと，このようなすべての盤で線対称な巡歴が存在するというのが，現時点でのウルマーの予想である．それはまだ証明されていない．したがって，これもまた，真剣に取り組むにはちょうどいい問題である．

ウェブサイト

騎士の巡歴全般：

http://mathworld.wolfram.com/KnightsTour.html

http://en.wikipedia.org/wiki/Knight%27s_tour

http://ja.wikipedia.org/wiki/ナイト・ツアー

リンク集：

http://www.velucchi.it/mathchess/knight.htm

魔方陣になる騎士の巡歴の歴史：

http://www.ktn.freeuk.com/1d.htm

8×8 の盤で魔方陣になる騎士の巡歴は存在しないことの証明：

http://magictour.free.fr/

http://mathworld.wolfram.com/news/2003-08-06/magictours/

12×12 の盤で魔方陣になる騎士の巡歴：
    http://www.gpj.connectfree.co.uk/gpjh.htm

15
あやとり数学への挑戦

　輪になった紐と，両手では足りなくなったときに助けてくれる友人さえいればよい．「猫のゆりかご」は，非常に多種多様なあやとりの中の一つにすぎないが，あちらこちらの文化圏に見うけられる．しかし，そこにどんな数学があるのだろうか．

この章で述べる娯楽数学のある領域は，私が知る限り，私がこれを初めて書いたときには存在せず，まだそれほど多くは存在していないが，存在してしかるべきものだ．私が探しているのは，「猫のゆりかご」やその無数の変形などの伝統的なあやとりについての「数学」である．元の連載記事に続けて，この研究の可能性を課題として提起し，このような数学で捉えるべきいくつかの現象を紹介する．そして，「読者からの反応」では，最新の情報を追記し，この研究がどの程度うまくいっているかを紹介する．

　あやとりは，文学作品を含め，さまざまなところに現れる．カート・ヴォネガットの空想科学小説 *Cat's Cradle* は，「アイス・ナイン」と呼ばれる常温でも凍る空想上の氷によってすべての海が凍り，私たちのこの世が終わりを迎えるという話だ．アイス・ナインを作り出したフェリックス・ハニカー博士は，アイス・ナインの小さなかけらを3人の子供アンジェラ，フランク，ニュートに遺す．ハニカー博士は，父親としては不適格であった．このことが，最終的にはアイス・ナインのかけらが漏れ出して海や川，そしてほとんどの生物を凍らせてしまう原因になる．ヴォネガットは，文中の何か所かでこの題名をほのめかしている．ハニカー博士がもっともゲームに近いことをするのをニュートが見たのは，紐の端切れをもってきて，猫のゆりかごを作ったときだった[訳註 1]．「父はとつぜん書斎から出てくると，今までしたこともないようなことをしました」とニュートは語った．「ぼくと遊ぼうとしたのです」しかし，この試みは惨めな失敗に終わる．この本のかなり後のほうで，ニュートはその理由を次のように説明する．

　「十万年もそれ以上もむかしから，おとなは子供たちの前でからめた紐をゆらゆらさせて見せている」「おとなになったときには，気が狂ってるのも無理ないや．猫のゆりかごなんて，両手のあいだに X がいくつもあるだけなんだから．小さな子供はそういう X を，いつまでもいつまでも見つめる…」

　「すると？」

　「猫なんていないし，ゆりかごもないんだ」

　ヴォネガットの話には皮肉屋が必要で，ニュートはその条件を満たしている．

[訳註 1] 以降の会話部分の邦訳は伊藤典夫訳『猫のゆりかご』（早川書房, 1979）による．

しかし，ヴォネガットがニュートの子供時代の苦難の理由と見たてたものは，おそらくそれほど一般には当てはまらないだろう．猫のゆりかごをその代表例とするあやとりは，何世紀もの間，多くの文化圏で普及していて，子供も大人もそれを楽しんでいる．たしかに，それが猫だとわかるには少しばかり想像力を働かす必要があるが，ゆりかごのほうはまだわかりやすい．

基本的な二人あやとりは広く知られているが，誰もが8種類の異なる形状を含む完全な猫のゆりかごを作れるわけではない．また，さらには，同じように，両手の指の間に渡した1本の紐の輪を指の間に垂らして掛けたり捻ったりして，数えきれないほど多数の形を作り出すことができるのだ．数学的な特徴付けを明示的にされてはいないが，あやとりには幾何学，位相幾何学，組合せ論が奇妙に入り混じっていて，娯楽数学愛好家の興味を引くにちがいない．あやとりによって作り出される形状などの豊かな図形的性質を捉えるには，紐の輪に対する位相幾何学ではその範囲を越えていることがわかる．位相幾何学者にとっては，元の輪を捻ったり絡ませたりしてできた形状はどれも実質的には単なる輪にすぎないからだ．しかし，幾何学者にとってはそうではない．そして，あやとりの作り出しうる数多くの形状は，美しくて意外性がある．

ニュート・ハニカーは，位相幾何学者だったのかもしれない．

なんの変哲もない初期状態の輪から意味ありげな形状を作り出すやり方を一連のさまざまな種類の標準的「操作」によって記述する一種の代数として，二人あやとりの形状に関する「数学」を考案できるだろうと考えている．結び目理論として知られている分野の，とくに「組み紐」理論と呼ばれる領域では，まさにこういったやり方で研究がなされている．しかし，組み紐理論の目的は二つの輪がどのようなときに位相幾何学的に同じかを攻略することだが，あやとりの数学の目的は位相幾何学的には同型な二つの輪がどのようなときに図形としては異なるかを攻略することだ．

後述の手順に従うためには，長さが1メートルほどの柔らかくて滑らかな紐の両端を結んで閉じた輪にする必要がある．一連の猫のゆりかごの完全な手順を図 15.1 に示した．これは二人で行わなければならないので，その二人をアンジェラとビルと呼ぶことにする．二人は，交互に相手の手から輪になった紐を自分の手に移す．まず，アンジェラがゆりかごを形作る（図 15.1a，図 15.1b）．

178

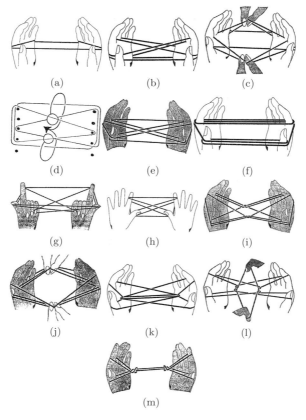

図 15.1　猫のゆりかご

この手順のほとんどすべての段階で使われる基本操作がある．その操作を最初に使うところがここだ．ビルは，アンジェラの右側に立つ．アンジェラの手に作られた図形を見下ろすと，ビルには二つの交叉が見えるはずだ．ビルは，その二つの交叉をそれぞれの手で摘んで引き離す（図 15.1c）．そして，それを図形の中央から引き上げ，外側を通って下に回り込ませると，図形の中央にある穴を通して上に出す（図 15.1d）．ビルが両手を引き離して，親指と人差し指を広げるとともに，アンジェラは両手を緩めて輪が指から外れるようにする．こ

れで，ビルの手には新しい図形が完成する（図 15.1e）．この 2 番めの段階は，「兵士のベッド」と呼ばれる．

この図形に対して，アンジェラが先ほどのビルとまったく同じ操作をすると，「蝋燭」と呼ばれる 3 番めの図形ができあがる（図 15.1f）．

蝋燭から 4 番めの図形に移るためには新しい操作が必要になる．ビルは，小指で内側の紐を交叉するようにとって左右に広げ，親指と人差し指を下から図形の中央に入れる．これは基本操作に似ているが，交叉した紐をつかんではいない．ビルは，最初に小指にかけた輪が外れないように小指を曲げて，親指と人差し指を開くと，図 15.1g のような「かいば桶」が完成する．ちなみに数学的には，かいば桶は猫のゆりかごを上下逆さまにしたものである．したがって，ここまでの一連の手順をすべて上下逆にして行うこともできる．しかしながら，伝統的な手順では，意外な方向に進む．

かいば桶から，もう一度，基本操作を上下逆に行う，すなわち，交叉を上からではなく下からとると，予想通り，上下逆さまの兵士のベッドになる（図 15.1h）．この 5 番めの図形は，伝統的に「ダイアモンド」と呼ばれる．さらにもう一度，基本操作を繰り返すが，今度は通常どおり上から交叉をとると，「猫の目」になる（図 15.1i）．つぎに，交叉を親指と人差し指で摘んだら（図 15.1j），それを中央の穴に上から入れるのではなく，手首を返すようにすると，「皿の上の魚」になる（図 15.1k）．

そして，最後の図形はかなり説明しづらい．ビルは，中央の紐を小指で引っかけて広げると（図 15.1l），交叉をいつものように親指と人差し指で摘む．そして，親指と人差し指を内側から上に向けると，8 番めの図形である「時計」になる（図 15.1m）．この図形がなぜ時計と呼ばれるのか私にはわからないので，ここでは，ニュートにある程度は共感できる[訳註 2]．

別の操作を行えば，これらの図形が現れる順序を変えることもできる．たとえば，猫のゆりかごから蝋燭に直接移るとか，兵士のベッドから猫の目に直接移るというようにできるのだ．二人あやとりの数学は，このような変形もすべて扱えるほどのものでなければならない．

[訳註 2] 巻末の参考文献にあげられているキャロライン・ジェーンの *String Figures and How to Make Them* には，縦向きに持つと，背の高い置時計に見えるという記述がある．

ここまでに述べた一連の図形は，多くの文化圏に共通するものだが，その呼び名はさまざまで，次のような名前で呼ばれたりもする．

- 猫のゆりかご：霊柩車，水
- 兵士のベッド：チェス盤，猫又，田んぼ，教会の窓
- 蝋燭：箸，琴，下駄の歯，鏡
- かいば桶：逆さゆりかご
- ダイアモンド：格子
- 猫の目：馬の目，菱形，ダイアモンド
- 皿の上の魚：鼓，米挽き臼
- 時計：あまり時計には見えなさそうだが，これにはほかの名前がないのはなんとも不思議である．

ほかにも作ることのできる多くの図形の一例として，もっと複雑な操作の連続する，一人でとることのできる図形の手順を説明しよう．図 15.2 に示した「インディアンのダイアモンド」は，始めの形は猫のゆりかごと非常によく似ているが，まったく同じというわけではない．標準的な図 15.2a の形から始めて，左の手の平を横切る紐を右手の人差し指でとり（図 15.2b），右の手の平を横切る紐を左手の人差し指でとる（図 15.2c）．次に，それぞれの親指を互いにもう一方の親指のほうに曲げて，親指にかかっている輪を外したら，両手をゆっくりとだがしっかりと左右に広げる．それから，手の平が向こうを向くように両手を捻る．親指をすべての紐の下をくぐらせて，小指の間にかかっている紐を引っかけたら，両手を元の向きに戻して，小指の間にかかっている紐を手前に引いてくる（15.2d）．この動作は思ったよりも自然に行うことができるので，実際にこれをやってみれば，どの紐を親指に引っかければよいかはすぐにわかる．

これによって紐がどんな状態になり，次にどうすればよいかを図 15.2e に示す．親指で，そのすぐ向こうにある紐の上を通り，その次の紐を下から引っかけて，元の位置に戻すと，図 15.2f のようになる．次に，小指を曲げて，小指にかかっている輪を外したら，ゆっくりと両手を左右に広げる．この結果は図 15.2g のようになり，かなりこんがらがっているように見えるが，ここからはどんどん単純になっていく．次の操作を図 15.2h に示す．必要に応じて手の平

15 あやとり数学への挑戦 181

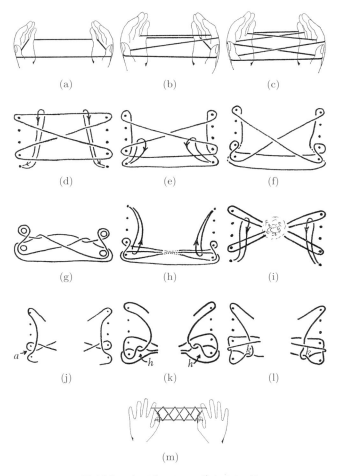

図 15.2 インディアンのダイアモンド

を返しながら，小指を手前に向けて曲げたら，一番向こう側の（人差し指にかかっている）紐の上を越して，その次の（親指にかかっている）紐を下からとる．そして，小指を元の位置に戻す．

　この時点で，それぞれの親指には2本の輪がかかっているが，いったんそれらをすべて外す．そうすると，中央部分で絡まった部分ができることを除けば，

図 15.2i のように単純な形になる．その中央部分の絡まり具合はあまり重要ではないので，省略して描かない．親指を，人差し指にかかった輪になっている2本の紐の上を通して，小指にかかった輪の手前側の紐を下からとり，元の位置に戻す．このとき，両手を少し捻る必要があるかもしれない．

これで，図 15.2j のようになっているはずだ．次の動作は，少し変わっている．右手の指を使って a と書かれた場所の紐を摘み上げ，それを少し持ち上げたら左手の親指に引っかける．反対の手についても，同じことを行う．このとき，摘み上げる紐に交叉する，小指にかかっている紐が持ち上がらないように注意してほしい．これがうまくできたら，図 15.2k のようになる．この図でも，絡まった中央部分は省略している．

あと少しで完成だ．最後の段階は，文章で記述するよりもやってみるほうが簡単である．両手の親指を互いに向き合うようにして，図 15.2k の h と印をつけた穴に通したら，下から手前側に戻す[訳註 3]．そして，図 15.2l の k と印をつけた穴に上から人差し指を通して，手前から上に引き上げて元の位置に戻す．小指にかかった紐を慎重に外し，手の平を向こうに向けながら両手を左右に広げる．少し練習をすれば，図 15.2m のような見事なインディアンのダイアモンドができあがるはずだ．

ここまでに紹介した二つの例では，あやとりの表面を引っ掻いただけにすぎない．あやとりをもっと深く知りたければ，キャロライン・ジェーンの *String Figures and How to Make Them* を見るとよい．

[訳註 3] 実質的には，前段階で親指にかけた輪はそのままにして，元から親指にかかっていた輪を外すことになる．

読者からの反応

　国際あやとり協会紀要の編集者であるマーク・A・シャーマンは，私の予想した方向に進展している記事の掲載された紀要（やその前身）を何部か送ってくれた．その中には，トム・ストラーによる特別号やマーク・シャーマン，ジョセフ・ダントニ，シシド・ユキオ，ジェームス・R・マーフィーによる記事もあった．詳細については，巻末の参考文献を参照されたい．

　マーチン・プロバートは，あやとりの数学的な扱いについて教えてくれた．彼は，章末に挙げたようなあやとりに関連する記事を何本かインターネットに掲載してきた．プロバートの結果には，紐と紐との重なり合いが異なることを除いて似ている図形を分析する手法や，あやとりによく現れる部分図形「モチーフ」についてのアイデアなどが含まれる．また，2002年に考案された「ジャバーウォック」や「不思議の国のアリス」といったいくつもの新しいあやとりがある．

ウェブサイト

あやとり全般：

　http://www.alysion.org/string.htm

　http://en.wikipedia.org/wiki/String_game

　http://ja.wikipedia.org/wiki/あやとり

　http://en.wikipedia.org/wiki/Cat%27s_cradle

国際あやとり協会：

　http://www.isfa.org/

マーチン・プロバートのウェブサイト：

　http://website.lineone.net/~m.p/sf/menu.html

16
クラインのガラス瓶

　位相幾何学は「ゴム膜の幾何学」である．しかし，多くの数学者は，スーパーコンピューターを使っていないときは，黒板と白墨という伝統的な用具を好む．ただ，アラン・ベネットはそうではなかった．ベネットは，いろいろなガラス細工を作るのが好きだ．彼はそれで定理さえも証明する．

十数年以上も前，英国ベッドフォードのガラス吹き職人アラン・ベネットは，位相幾何学に現れる神秘的な形状であるメビウスの帯やクラインの壺などに興味をもち，そして気になる問題を見つけた．数学者ならば計算によってそれを解こうするだろうが，芸術家はその絵を描こうとする．ベネットは，彼にとってもっとも馴染み深い素材であるガラスを手に取り，それを使ってそのパズルを解いた．ベネットの作った一連の見事なガラス細工は，実質的にはガラスに凝結された研究プロジェクトであり，ロンドンの科学博物館において常設展示となった．

　位相幾何学者は，図形を伸ばしたり，捻ったり，あるいは曲げたりしても変わることのない性質を研究する．唯一の縛りは，その変形は連続的でなければならないということで，図形を不可逆に引き裂いたり切ったりしてはいけない．しかしながら，ここまでの位相幾何学に関する説明では，関係なかったので述べていなかった，もう一つの可能性がある．切り口の両側でもともと近くにあった点どうしが最終的にはまた近くになるように貼り合わせるのであれば，一時的に切断することも許すのだ．これは，その場しのぎの条件のように思えるかもしれないが，「連続変形」という技術的概念を砕けた表現にしたものであり，これによって数学者は，図形を取り囲む空間を無視して，それ自体を単独で取り扱うことができる．位相幾何学的性質の中には連結性というものがある．連結性とは，その図形がひとつながりになっているのか，それともいくつかの部分に分かれているのか，また，その図形に穴はあるか，あるとしたらどんな種類の穴かということである．

　結び目や絡み目は扱いが少し難しい．これらは位相幾何学的性質をもつが，この数学的概念を定式化するときには，それを取り囲む空間を明示的に考慮しなければならない．結び目になった閉じた輪は，結ばれていない閉じた輪と位相同型なのだ．単に結ばれた輪を切断して，結び目を解いたら，切り口をもう一度つなげばよいからである．しかしながら，結び目になった輪は，結ばれていない輪とは異なるやり方で3次元空間の中に置かれている．たとえ，切り貼りを許したとしても，空間全体を位相的に変形することでは結ばれた輪が解けることはない．なぜなら，輪だけでなく空間全体を切り貼りすることになるからだ．

数学の中で，位相幾何学の歴史は比較的浅い．いくらかの先史時代を経た後，フランスの偉大な数学者アンリ・ポアンカレがいくつかの基本的な代数的手法を導入したことで，位相幾何学はそれ自体が単独の分野として成立することになった．そして，その影響は，今や純粋数学，応用数学を問わず現代数学のすべての分野に及んでいる．たとえば，天体力学における重力下での多体問題の研究では，予想される動きの記述やさまざまな種類の衝突の分類に欠くことのできないものになっている．

もっとも馴染みの深い位相幾何学的図形は，一見奇妙なおもちゃに毛の生えた程度にしか見えないが，そこから読み取れることはかなり深い．それはメビウスの帯と呼ばれていて，長い紙の帯の両端を捻ってから貼り合わせて作ることができる．ただし，この章では，「捻る」というのは「180度の回転」を意味するものとする．この操作は，半捻りと呼ばれることもある．メビウスの帯は，表裏のない曲面のうちでもっとも単純なものである．二人の塗装工がメビウスの帯のそれぞれの面を赤色と青色で塗ろうとしたら，いつかは二つの色が混ざりあってしまう．中が空洞の球面で同じゲームをしたら，そんな問題が起きることはない．最終的には，球面の一方の面，たとえば，外側の面は赤色になり，内側の面は青色になる．つまり，球面には表裏があり，メビウスの帯には表裏がない．そういうことなのだ．

紙の帯を何回か捻ると，メビウスの帯の変種が得られる．しかし，位相幾何学者にとって，奇数回捻ってできる表裏のない曲面と偶数回捻ってできる表裏のある曲面には大きな違いがある．奇数回捻ってできる曲面はどれも，本質的にはメビウスの帯と位相幾何学的に同じになる．いったん帯を切断し，ひと捻りだけを残して捻りをほどき，切り口をもう一度つなぎあわせると，その理由がわかる．偶数回の捻りを取り除いたことになるので，帯の切断によって生じた辺どうしを貼り合わせると，切断前に近くにあった点どうしがまたくっつくのだ．奇数回の捻りを取り除くと，こうはならない．切り口よってできた一方の縁は，もう一方の縁に対して全体をひっくり返した状態になるのだ．

同様の理由で，偶数回捻ってできる曲面はどれも，位相幾何学的には捻りのない普通の円筒状の帯と同じである．しかしながら，捻った正確な回数自体も位相幾何学的には重要である．なぜなら，この帯がそれを取り囲む空間にどの

188

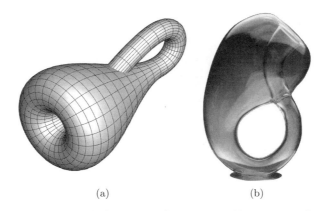

(a)　　　　　　　　　(b)

図 16.1　(a) 数学的クラインの壺，(b) ガラス製のクラインの壺

ように埋め込まれるかに影響するからである．帯それ自体に内在する幾何学に関する論点と，空間に埋め込まれている帯に関する論点は，まったく異なるのだ．前者は捻った回数の偶奇性だけに依存し，後者は捻った正確な回数に依存する．

　メビウスの帯には縁がある．それは，紙の帯の外周のうち，貼り合わされる両端を除いた部分である．球面には縁がない．表裏のない曲面で縁のないものがあるだろうか．そのような曲面は存在する．その有名な例としてクラインの壺がある（図 16.1）．この図では，「注ぎ口」あるいは「首」の部分が丸く曲げられて，壺の表面を貫通し，内側から壺の本体につながる．この描写では，クラインの壺はそれ自身と小さな環状の曲線で交叉している．位相幾何学者は，クラインの壺を概念的に考えるときにはこの交叉を気にしない．なぜなら，この交叉は，3 次元空間に埋め込むことによって生じた所産だからである．このような曲面で，それ自身と交叉しないものは 3 次元空間には存在しえない．もっと高い次元の空間の中やいかなる空間にも埋め込まずに曲面を考えている位相幾何学者にとって，これは問題にならないのだ．しかし，模型製作者やガラス吹き職人にとっては，避けて通れない障害である．

　クラインの壺に色を塗ることを考えてみよう．まず大きな球状部分の「外側」から塗り始めて，細くなった首へと進む．そして，自己交叉している部分を越

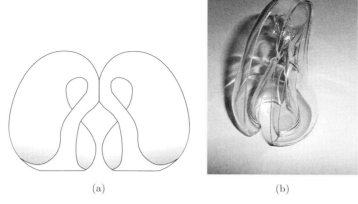

図 16.2　クラインの壺を切って二つのメビウスの帯にする．
(a) 数学的モデル，(b) ガラス製

えるときは，一時的に交叉はないものと考えて，その首に沿って進むと，球状部分の内側になる．そして，その首が広がって球状部分につながると，その球状部分の内側を塗っていることになる．クラインの壺の内側と外側は境目なくつながっているというのはこういうことだ．つまり，クラインの壺には表裏がない．

　クラインの壺をある適当な曲線に沿って切ると二つのメビウスの帯に分かれると聞いて，ベネットはガラスを使ってそれを確かめた（図 16.2）．これを通常の 3 次元空間に埋め込まれた図 16.1 のようなクラインの壺でやってみると，それぞれのメビウスの帯は一度だけ捻ったものになる．ベネットは，二つの 3 回捻ったメビウスの帯になるためには，どのような壺を切ればよいのか知りたいと考えた．そこで，さまざまなガラス製の図形を作り，それを切ってどんな形になるかを確かめた．ベネットはこう書いている．「私は常に現実的なやり方で問題を解きたいのだ．基本的な概念に対して十分な数の変種を作るか集めるかすれば，その問題に対してもっとも論理的あるいは明白な答えが浮かび上がってくるものだ．今回の場合，限られたいくつかの原則だけは守りつつも，あらゆる種類の表裏のない器を設計し作ってみた．基本的なクラインの壺は，引き

図 16.3　三つ首のクラインの壺

伸ばしたり曲げたりすることで，たやすくさまざまな形状にすることができた．しかし，私は，その一線を越えて，新たな概念を作りたかった．私の知る限り，私が作ったものはどれも前例のないものである．しかし，そうであっても，それらはどれもクラインの考案した壺に端を発するものなのだ」

　ベネットは，切ると 3 回捻ったメビウスの帯になるものを探していたので，数字の 3 に関するあらゆる変種を試してみた．その中には，三つ首の壺（図 16.3）や，驚くべきは，入れ子になった三つのクラインの壺（図 16.4）もあった．これは，三つの壺が重なり，それらがひとかたまりに絡み合っているものだ．ベネットは，それらを切るとどうなるかを考えた．そして，ダイヤモンドチップのついた鋸で実際に切ってみて，確認した．すると，心の目によって，これらの図形をどのような線に沿って切ればメビウスの帯になるかがベネットには見えてきた．しかし，3 回捻りのメビウスの帯は，なかなか捕まえることができなかった．その突破口は，二重に巻いた首をもつ，3 ヶ所の自己交叉がある非常に奇妙な壺であった（図 16.5）．ベネットは，自身の尾を追いかけてぐるぐる回り，その輪がどんどん小さくなって最後には消えてしまう伝説の鳥にちなんで，この壺を「オースラム（またはオゼルム）の壺」と名づけた．

　オースラムの壺をその左右対称の平面，すなわち，この図が描かれている紙の面に沿って垂直に二分すると，二つの 3 回捻りのメビウスの帯に分かれる．

16 クラインのガラス瓶　　191

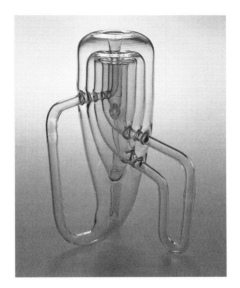

図 16.4　入れ子になった三つのクラインの壺

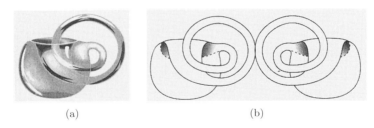

図 16.5　「オースラムの壺」(a) 二重に巻いた首をもつ側面図 (b) 左右対称の平面で切ると二つの 3 回捻りのメビウスの帯になる．

これで問題は解決した．しかし，これは始まりに過ぎない．数学者と同じように，ベネットはさらに難しい問題に取り組んだ．それでは，5 回捻りのメビウスの帯にするには，どうすればよいだろうか．7 回捻りのメビウスの帯は，19 回捻りのメビウスの帯は，と続き，ついには一般的な原理は何かというところにたどり着いた．図 16.5 を一般化して，首の部分を余計にもう一巻きすると，5 回捻りのメビウスの帯ができあがることがすぐにわかった．このようにひと

図 16.6　切ると二つの 7 回捻りのメビウスの帯になる螺旋状のクラインの壺

巻き増やすごとに，捻りが 2 回増えるのだ．

　そして，ベネットは，より単純化することで頑丈な造りに設計し直して，図 16.6 のようなクラインの壺を作り出した．これを切ると，二つの 7 回捻りのメビウスの帯になる．そして，螺旋をひと回り増やすごとに，メビウスの帯の捻りは 2 回増えるのだ．

　ベネットは，螺旋状に巻いた形状の役割を理解できたので，その螺旋の捻れをなくして本来のクラインの壺に戻せることに気がついた．そうすると，螺旋状になったクラインの壺を切る線も変形することになる．壺の螺旋状になった首の捻れをなくすと，切断する線が捻れるのだ．したがって，通常のクラインの壺を図 16.7 のような螺旋曲線に沿って切れば，この場合は 9 回捻りだが，同じようにして好きな回数だけ捻ったメビウスの帯が得られる．そして，最後に残された疑問はこれだ．この研究のもともとの動機は，クラインの壺を 1 回捻りのメビウスの帯二つに切り分けるにはどうすればよいかということであった．しかし，クラインの壺を別の曲線に沿って切ると，ただ一つのメビウスの帯を得ることができるのだ．この切り方を見つけるのは読者に委ねることにする．その解答は，後ほど示すことにする．

16　クラインのガラス瓶　193

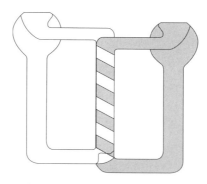

図 16.7　螺旋曲線に沿って切った通常のクラインの壺

読者からの反応

　モンタナ州ビリングスのロバート・L・ヘンリクソンは陶器製の同じような壺に関する興味深い情報を教えてくれた．ハーバート・C・アンダーソン Jr. の *The Life, The Times, and the Art of Branson Graves Stevenson* (Jahner Publishing 1979) には，次のようにある．「数学者である息子メイナードからの挑戦に応えて，ブランソン・スチーブンソンはドイツ人数学者クラインの考案した幾何学的図形を使ってクラインの壺を作り始めた．最初は失敗したが，英国の有名な陶磁器メーカーであるウェッジウッドが夢に現れてクラインの壺の作り方を教えてくれた．ウェッジウッドの言葉に従うことで，スチーブンソンは見事にこれを作ることに成功したのだ」これは約 50 年前のことだ．この本には，陶器製のクラインの壺の写真も紹介されている．そのクラインの壺には，位相幾何学的には必要のない注ぎ口がついている．スチーブンソンは，このクラインの壺を潜在意識の力の証だと考えている．スチーブンソンの粘土細工と陶磁器の研究から，モンタナ州ヘレナにあるアーチブレイ財団が設立されることになった．

解答

クラインの壺をただ一つのメビウスの帯になるように切るベネットのやり方を図 16.8 に示す[訳註 1]．

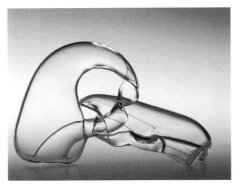

図 16.8　クラインの壺をただ一つのメビウスの帯に切るベネットのやり方

ウェブサイト

クラインの壺全般：

http://en.wikipedia.org/wiki/Klein_bottle

http://ja.wikipedia.org/wiki/クラインの壺

http://plus.maths.org/issue26/features/mathart/indexgifd.html

http://mathworld.wolfram.com/KleinBottle.html

http://www.youtube.com/watch?v=E8rifKlq5hc

ガラス製クラインの壺：

http://www.kleinbottle.com/meter_tall_klein_bottle.html

http://www.kleinbottle.com/

http://www.sciencemuseum.org.uk/objects/mathematics/1996-545.aspx

---

[訳註 1] 図 16.8 は，実際には 2 つの 3 回捻りのメビウスの帯が絡み合ったものである．クラインの壺をただ一つのメビウスの帯に切るやり方は http://www.sciencemuseum.org.uk/objects/mathematics/1996-560.aspx にある．

17
セメントで固められた関係

　芸術と科学はもっともかけ離れていると思われがちだが，芸術家が重要な科学的アイデアを絵画や舞踏や彫刻によって思いもかけず具現化することはよくある．ジョナサン・カランによる多数の孔のあいた奇妙な風景は，セメントの物理的性質を用いて作られている．しかし，数学とそれほどかけ離れているわけでもないのだ．

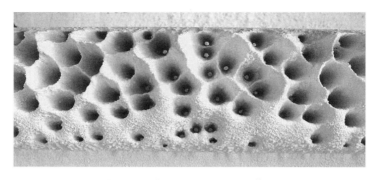

図 17.1　ジョナサン・カランの作品

　フランシス・クリックとジェームス・ワトソンによる DNA の二重螺旋構造に関するすばらしい発見の論文なども掲載された権威ある科学雑誌ネイチャーは，精力的な科学的研究をうまく取り上げて記事に仕立てている．それに定期連載されている記事の一つに，美術史家マーチン・ケンプによる「芸術と科学」がある．その 1997 年 12 月 11 日号の記事では，ロンドンの芸術家ジョナサン・カランのすばらしい風景美術を紹介している．伝統的な風景画は自然の景観を描き出すものだが，カランの作品は彫刻である．それは一風変わっており，地球上で見られるどんな風景とも似ていない．それは，たくさんの孔が無作為にあけられた板にセメントを振りかけて作られた 3 次元の形状である（図 17.1）．
　オックスフォード大学美術史学部の名誉教授であるケンプは，カランの彫刻を砂山の複雑性理論の研究や「自己組織化臨界現象」と結びつけた．「読者からの投稿」の中で，英国エジンバラにあるグリニッジ天文台のエイドリアン・ウェブスターは，カランの風景美術における興味深い形状がかなり古典的な数学分野であるボロノイ胞体の理論を使って理解できると指摘している．ウェブスターは，カランの風景彫刻にあるボロノイ胞体が，近年の天文学での大発見の一つである宇宙における物質の泡状分布を説明しているとも述べている．
　数学，芸術，科学の融合した例があるとすれば，これがそうにちがいない．
　ケンプは，古典的な彫刻である石の割れ目，絵の具の特性，銅像を鋳造するときの熱した金属の流れに及ぶまで，芸術家の作業工程は，物理学や化学に依存

していると指摘する．しかしながら，伝統的な芸術家の技術というのは，素材が望むとおりの振る舞いをするように，これらの工程を制御することであった．カランは，作品の主たる芸術的特徴を素材の物理的・化学的過程に委ねるような，かなり少数の現代芸術家の一団に属している．ケンプは，その特徴を「形態の型にとらわれない進化」と表現する．ネイチャー誌が注目するきっかけとなったカランの一連の作品は，まず板に多くの孔を無作為にあけるところから始まる．そして，ふるいを使って，そこにセメント粉を均等にふりかける．いくらかのセメントは孔から流れ落ちるが，孔から離れた部分ではセメント粉が積もって，孔を中心とするクレーターのような凹みを取り囲む幻想的な峰を形作る．

カランは，この結果を次のように述べている．「河口の沈泥や堆積鉱床の地質学的変性の原理，…，これらは，きわめて『自然』でありながら高度に『人工的』に見える地形，すなわち，できたてのアルプス山脈だ」ケンプは，たとえば，もっとも高い頂きは孔からもっとも離れた領域に生じるといったある種の一般的原理によってカランの幻想的な地形が形作られると述べている．

このような規則性は，ウェブスターの研究で説明できる．

土木技師は，しばしばうまく地面を扱わなければならない．たとえば，通常，建造物は地面の上に建っている．柔らかい地盤の切り通しを通る道路では，土，砂，セメントなどの粒状材質がどのように積み上がるかを理解している必要がある．その中で，もっとも単純でかつ重要な特性は，臨界角の存在である．それぞれの粒状材質の特質に応じて，崩れずに持ちこたえることのできるもっとも急な勾配の傾斜がある．この傾斜は臨界角と呼ばれる一定の角度を保つ．たとえば，上方のある一定の位置から砂を細流として注ぐことで，山がどんどん高くなるように砂を積み上げていくと，その山の傾斜角は臨界角に達するところまで大きくなる．臨界角に達した山にさらに砂を振りかけると，臨界角に戻ろうとして，大小の差はあれど土砂崩れが生じる．この「定常状態」の形状は，もっとも単純なモデルでは側面の傾斜角がちょうど臨界角の円錐になる（図17.2a）．

複雑性理論の研究者は，斜面がこの形状に達する過程やその成長に伴う大小の土砂崩れの特質を研究している．デンマークの物理学者パー・バックはこのような過程を「自己組織化臨界現象」と名づけ，この現象が自然界の多くの重要

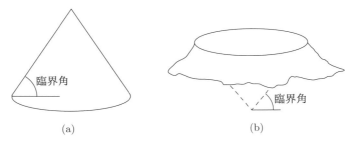

図 17.2 (a) 円錐状の砂山，(b) 裏返した円錐状のクレーター

な特性，とくに進化の雛形となっていると提言している．（この場合には，生命体となりうる仮想的な空間の中に砂山があり，土砂崩れは土壌の粒子ではなく生物の種全体に作用すると考える．）現実の砂山は，土木技師の円錐やバックの土砂崩れに比べてはるかに複雑であるが，このように単純化されたものとの類似点を調べることは有益である．

　まず，ウェブスターは，カランの芸術における孔を囲むセメント粉の構造は，土木技師の円錐状の山の裏返しだと説明する．一つだけ孔のある水平な板を考えてみよう．孔から遠ざかるすべての方向にセメントの上り坂が臨界角をなし，孔の中心を下向きの頂点とする円錐状の凹みができる（図 17.2b）．この裏返しになった円錐が，カランの印象的な地形を形成するクレーターや峡谷なのだ．単純化されたモデルでは，これらの傾斜角もまた臨界角になっている．

　しかし，孔がいくつもあったら，どんな形状になるのだろうか．ここで鍵となるのは，滝のように流れるセメント粉は，斜面を転がり，落下地点からもっとも近い孔に吸い込まれていくということだ．これは，すべての斜面が同じ傾斜角になっていることの結果である．したがって，円錐状のクレーターどうしの境界が生じる位置を予見することが可能になる．それぞれの孔を取り囲む領域で板を分割する．ここで，それぞれの領域は，選んだ孔がそのほかの孔よりも近いような点だけから構成されている．この領域は，いわゆる孔の「影響圏」であるが，その形状は球ではなく多角形になる．板が水平ならば，これらの領域の境界は，互いに隣接するクレーターの間の境界の直下にある．

　別のやり方で，これらの領域を構成することもできる．二つの孔を任意に選

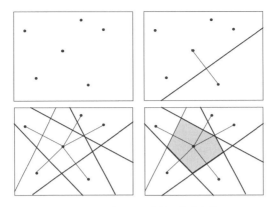

図 17.3　ボロノイ胞体の構成方法

んだら，それらの中心を直線で結ぶ．この直線を二分し，それに直交する直線を引く．これは，二つの孔の中心を結ぶ直線の垂直二等分線である．これを孔の対すべてに対して繰り返すと，直線が網目状に引かれることになる．それぞれの孔に対して，その点を含み，この網目状の線分で切り出された最小の凸領域を見つける（図 17.3）．この領域を，その孔に対応するボロノイ胞体という．それぞれの孔はただ一つのボロノイ胞体で囲まれ，ボロノイ胞体は全体で平面を埋め尽くす．

　ゲオルギ・ボロノイは 1900 年前後に数論や多次元タイル貼りを研究していたロシアの数学者で，彼の見出した概念は初期の結晶学で用いられた．ボロノイ胞体は，ディリクレ領域，ブリルアン域，ウィグナー・ザイツ胞といった名前で呼ばれることもある．これは，それらがそれぞれ別の文脈で独立に再発見されてきたからである．技術的な意味で最初にこれらを定義し研究したのは，数学者ペーター・グスタフ・ルジューヌ・ディリクレのようだ．ディリクレは，1850 年にこれを数論に応用したが，1644 年にルネ・デカルトは暗にこれを使っていた．1854 年に英国の医師ジョン・スノウはコレラの研究にボロノイ図を用いたことで知られている．その研究は，多くの犠牲者がほかの井戸よりもブロード街の井戸の近くに住んでいたことを浮き彫りにし，その井戸の水によって感染したことを示したのだ．

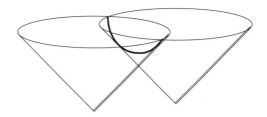

図 17.4　放物線の稜線で交わるカランのクレーター

　ボロノイ胞体の幾何を砂山の臨界角と組み合わせると，カランのクレーターが同じ臨界角をもつ円錐を裏返したものになっていることがわかる．そして，その円錐どうしは，あけられた孔の集合によって定まるボロノイ胞体の辺（ボロノイ境界）の真上で交わる．この幾何学的構造から導かれる見事な結論の一つは，二つの斜面が交わる際には，なめらかな稜線を形作り，切り立った崖は生じないということだ．また，クレーターがそれと隣り合うクレーターと交わってできる稜線の形状に関して，自明ではない特性を導き出すこともできる．理論上は，同一の角度の二つの円錐が裏返しになって並んでいるので，これらはその頂点どうしを結ぶ直線を垂直に二等分する平面上で交わる．すなわち，この稜線は，ボロノイ境界の真上に位置するということだ．円錐を垂直な平面で切ると，どんな曲線が現れるだろうか．その答えを古代ギリシャ人は知っていた．それは放物線である（図 17.4）．この事実が，カランの地形のギザギザの特性を説明してくれる．三つのボロノイ胞体が集まる場所では，急傾斜で立ち上がる三つの放物線が交叉するのを観察することができるのだ．

　これが銀河星団とどう結びつくのか．天文学者は，宇宙にある物質は均一に散らばっているのではなく巨大な空洞を取り囲む総状の塊になっていることを発見した（図 17.5）．こうなる過程に対する理論的モデルでは，カランの孔の代わりに質点による 3 次元空間のボロノイ胞体が用いられている．2 次元平面では，2 点間を垂直に二等分するのは直線であったが，3 次元空間では平面になる．すべての点の対に対してこのような垂直二等分面を描き，与えられた点を取り囲み，これらの平面の一部を境界とする最小の凸領域をその点のボロノイ胞体とする．そうすると，ボロノイ胞体は多面体になる．よく知られた宇宙の

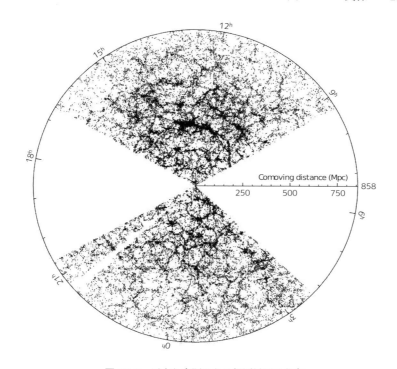

図 17.5 巨大な空洞のある銀河星団の分布

物質の分布の「ボロノイ泡モデル」では，銀河は隣接するボロノイ胞体の境界上にしか現れないのだ．

これとカランの地形におけるセメント粉の分布には似た点がある．それは，厳密に同じというのではなく，ある程度の類似性が見られるというくらいだが，それでもある種の構造を明らかにしている．セメントはボロノイ境界に沿ってもっとも高く積み上がっている．宇宙空間においてそれと類似しているのは，物質はボロノイ境界に沿ってもっとも高密度だという現象である．重力の作用により，物質の密度が高い領域は近くにある物質をさらに引き寄せるので，ボロノイ境界に沿ってどんどん物質は高密度に凝縮されていく．カランのセメントが粒子間の摩擦抵抗に打ち勝つ重力の影響を受ければ，セメントを構成する粒子はどれも同じように，ボロノイ境界によって決定される多角形の泡状ネッ

トワークに組み込まれる．したがって，この単純な発想が，人目を引く芸術や洗練された数学，そして宇宙空間における物質の分布に関する深遠な物理学に内在しているのだ．

補遺

雑誌掲載時には，カランの地形を「この世で見られるどんなものとも似ていない」と記述していたが，その部分を編集した．なぜなら，カランの風景彫刻は，NASA によるヒペリオンの表面の画像と驚くほど似ていたからである（図 17.6）．ヒペリオンは，土星の衛星の一つである．本書執

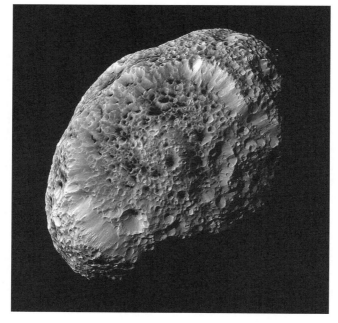

図 17.6　土星の衛星ヒペリオン（NASA の厚意による）

筆の時点では，土星には 61 個の衛星が確認されていて[訳註 1]，そのうちの 53 個には正式名称が付いている．ヒペリオンは塵に覆われたスポンジ状で，その塵はその下にある岩の孔を滑り落ちているのかもしれない．衛星の重力は小さいために臨界角は非常に急勾配であろうし，それは画像に写った衛星の姿をうまく説明している．

ウェブサイト

ボロノイ図：

  http://en.wikipedia.org/wiki/Voronoi_diagram

  http://ja.wikipedia.org/wiki/ボロノイ図

  http://mathworld.wolfram.com/VoronoiDiagram.html

ジョナサン・カラン：

  http://findarticles.com/p/articles/mi_m1248/is_3_89/ai_71558227

コレラの流行：

  http://en.wikipedia.org/wiki/John_Snow_(physician)

[訳註 1] 2012 年 7 月現在では 62 個の衛星が確認されている．

18

結んでみなければ，結び目は得られない

　通常の位相幾何学的視点では，紐の太さや摩擦の存在といった結び目のいくつかの現実的な側面をとらえ損ねている．こういった特徴を念頭に置くと，現実の紐を結ぶことに基づいた新しい理論に足を踏み入れることになる．

1世紀もしないうちに，結び目の数学はごく少数の興味の的から本格的な数学の最前線を担う研究の一大分野へと発展した．純粋に理論的な形態としては，結び目は，ある幾何学的形状を別の幾何学的形状の中に置くやり方がどれだけあるかを理解するという位相幾何学の大問題の一つの具現化である．結び目の場合，この二つの幾何学的形状は，紐による閉じた輪を表現する円周と3次元空間全体である．位相幾何学者にとって，結び目とは，3次元空間に「埋め込まれた」円周であり，それを取り囲む3次元空間を連続的に変形させても解きほぐせないものなのである．

　この記述は，紐の切れ端には両端があり，空間ではなく紐を変形させるという日常の経験とはいささかかけ離れている．とはいえ，コリン・C・アダムスが *The Knot Book* で示したように，これは結び目の「もつれ具合」をかなりよくとらえている．しかしながら，結び目のいくつかの現実的な側面は，位相幾何学的な定式化にそれほどうまく帰着できていない．2本の紐を結ぶ問題はその典型である．ここでは，主たる評価尺度は，紐の両端を引っ張っても紐が滑って結び目が解けてしまわないかどうかである．表面摩擦と紐が作られている材質が影響するため，この問題にはまったく別のアプローチが必要になる．

　それでもなお，むしろ娯楽数学愛好家が開拓するのに絶好の数学理論の兆しがある．それは，キャンベラにあるオーストラリア国立大学のロジャー・E・マイルズが考案したもので，彼の *Symmetric Bends* で解説されている．「継ぎ目」は，船には帆があり，甲板上にあるものはすべて木かロープでできていた頃に船乗りが使った言葉で，ロープを互いに結びつける方法を指す．帆船愛好家は，今でもこの言葉を使っている．マイルズの主たる狙いは，望ましい性質をもつ新しい継ぎ目が探しだせるように継ぎ目の形状を系統的に分類することである．与えられた継ぎ目に張力がかかっているときの滑りやすさに対する抵抗は，実際に結んでみてどうなるか調べてみることで経験的に決定することができる．その結果として，紐の切れ端や，紐どうしをぐるぐると巻きつけて作ることのできるこんがらがったものに対して，新しい数学的視点が得られるのだ．

　もっとも簡単でよく知られた継ぎ目は横結び（本結び，こま結び，真結び）（図 18.1a）である．このような図式を描くときには，紐が交わる部分でどちらが上になるかを示すために，下になるほうを少し切れているように描くが，も

18 結んでみなければ，結び目は得られない　　207

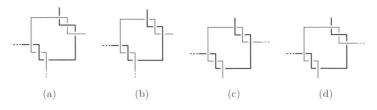

図 18.1 単純な継ぎ目 4 種類
(a) 横結び，(b) 縦結び，(c) 俵結び，(d) 泥棒結び（それぞれの紐の端点には「固定端」（破線）と「自由端」（実線）がある．）

ちろん紐自体が切れているわけではない．一方の紐は薄い線で描き，もう一方の紐は濃い線で描く．マイルズは，いくつかの理由で，曲線ではなく水平と垂直の線だけを使うことを推奨している．その理由としては，描きやすい，理解しやすい，そして，その状態の対称性が（存在すれば）明らかになるというものだ．それぞれの紐の一方の端は「自由端」で，そこが紐の終端であることを意味し，もう一方の端は「固定端」で，どこかにつながっていることを意味する．この図式には，2 種類の交叉が現れている．ひとつは薄い紐の上に濃い紐であり，もうひとつは濃い紐の上に薄い紐である．もっと複雑な継ぎ目では，濃い紐の上に濃い紐や，薄い紐の上に薄い紐という交叉が現れる場合もある．

　横結びは，縦結び（図 18.1b）と混同しやすいことで悪名高い．従来の結び目理論では，両端をつないで環状にしているので，自由端は存在せず，横結びや縦結びと同じような図式になる結び目はほかにない．しかし，継ぎ目では，もうここで従来の結び目理論とまったく異なる状況だということがわかる．というのも，横結びでも縦結びでもない継ぎ目がまだ二つもあるのだ．ただし，それらは，どちらの端を自由端にするかだけの違いである．その二つの継ぎ目は，俵結び（いぼ結び，垣根結び）（図 18.1c）と泥棒結び（図 18.1d）である．

　これら四つの「基本継ぎ目」は，もっとも単純な図式，すなわち最小の交叉数をもつ．交叉によってある程度の摩擦が生じ，紐が滑るのを防ぐので，直感的には複雑な継ぎ目ほどしっかりと固定されると予想するだろう．しかし，必ずしもそうではない．なぜなら，しっかりと固定できるかどうかは，連続する交叉が 3 次元空間内でどれだけうまく組み合わさっているかにも依存するから

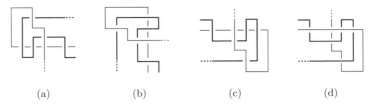

図 18.2　3 種類の対称変換
　　　　(a) 元の継ぎ目，(b) 対角線に沿った裏返し，(c) 180 度回転，(d) 中心反転

である．四つの基本継ぎ目はどれもかなり心許なく，紐を引っ張られたり，配置を変えられたりすると，解けやすい．これらの継ぎ目の解き方は，具体的に述べることができる．一方の紐をまっすぐになるように引っ張り，それが完全にまっすぐにならなかったとしても，もう一方の紐が渦巻いている中を滑らせるように引き抜けばよいのだ．

　基本継ぎ目はどれも対称性という魅力的な数学的性質をもつ．この四つの継ぎ目は，次の 3 種類の重要な対称変換操作を示している（図 18.2）．横結びを左下から右上への対角線を軸として裏返すと，紐の濃淡が入れ換わったことを除いて同じ図式になる．縦結びについても同様である．俵結びは，この紙面に垂直な軸の周りに 180 度回転させると，紐の濃淡を除いて同じ図式になる．このような図式で表される継ぎ目を回転対称継ぎ目と呼ぶ．　中心反転は，すべての点をその点と原点を通る直線上で原点からの距離は変えないが原点の反対側にある点に写す．すなわち，座標 (x, y, z) の点を $(-x, -y, -z)$ に写す．そして，泥棒結びは，3 次元空間の「中心反転」のもとで対称である．（ただし，紐の濃淡は入れ換わる．）このような図式で表される継ぎ目を中心対称継ぎ目と呼ぶ．）これらの継ぎ目を実際の紐で結んで，注意深く均等に締めると，できあがった継ぎ目は同様の対称性をもつ．

　もちろん，もっと複雑な継ぎ目もある．マイルズは，1990 年に「リガー（艤装者）継ぎ」に気づいて，対称継ぎ目に興味をもったと述べている（図 18.3）．これは，1978 年に発見したエドワード・ハンターにちなんで「ハンター継ぎ」とも呼ばれる．この継ぎ目も 180 度の回転対称性をもつ．当時，これは新しい継ぎ目だと考えられていた（それはこの分野のバイブルである *the Ashley Book*

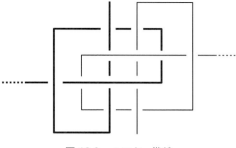

図 18.3　ハンター継ぎ

of Knots にも見当たらなかった）が，米国の登山家フィル・スミスが 1956 年に書いた Knots for Mountaineering に記載されているのが見つかった．マイルズは，1989 年にサンフランシスコで入手したマリオ・ビゴンとグイド・レガッツォーニの The Morrow Guide to Knots で，はじめてこの継ぎ目を目にした．偶然にも，スミスが 1943 年にこの継ぎ目を考案したのも，サンフランシスコの港湾地区であった．

　前述の 3 種類の対称変換（対角線を軸とする裏返し，回転，中心反転）をもとに，マイルズは対称継ぎ目を研究，そして考案するための定式化を展開した．これによって発見された新しい継ぎ目の族の例として，泥棒結びの一般化がある（図 18.4）．しかしながら，それだけではない．さらに 3 次元空間で継ぎ目に施すことができる 3 種類の対称変換操作がある（図 18.5）．

鏡像：紙面を鏡とした鏡像にする．2 次元に描かれた図式では，すべての交叉の上下を入れ換えることに相当する．

色交換：紐の濃淡を入れ換える．

逆転：濃い色の紐の固定端と自由端を交換し，同時に薄い色の紐の固定端と自由端も交換する．

これらの操作はどれも中心対称継ぎ目を中心対称継ぎ目に移し，回転対称継ぎ目を回転対称継ぎ目に移す．

　このような対称変換のもとで，もっとも見事な継ぎ目は「二重八の字継ぎ」

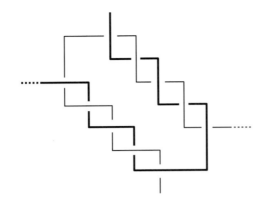

図 18.4　泥棒結びの一般化

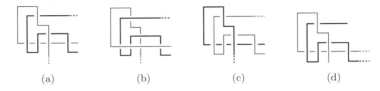

図 18.5　もう 3 種類の対称変換
　　　　(a) 元の継ぎ目，(b)（紙面に関する）鏡像，(c) 色交換，(d) 逆転

で，これは「フラマン継ぎ」とも呼ばれている（図 18.6）．この図の上段の四つは，それぞれフラマン継ぎとその鏡像，逆転，鏡像の逆転を示している．この四つの図式はどれも回転対称である．しかし，それらとは異なり，図 18.6e は中心対称である．だが，この五つの図式はすべて位相同型，すなわち，それぞれを連続的に変形させてほかの図式にすることができるのだ．そうであることを確かめるもっとも簡単な方法は，図 18.6e からそのほかの図式に変形してみることだ．そのやり方を見つけるのは読者の楽しみに残しておこう．このような位相幾何学的変形によって継ぎ目の対称性が変わるので，マイルズはこの継ぎ目を「カメレオン」と呼んでいる．

　マイルズの本には 60 種類の対称継ぎ目の一覧があり，そのうちのいくつかを図 18.7 に示す．マイルズは，「最高」の対称継ぎ目は何かと問うた．それに

18 結んでみなければ，結び目は得られない 211

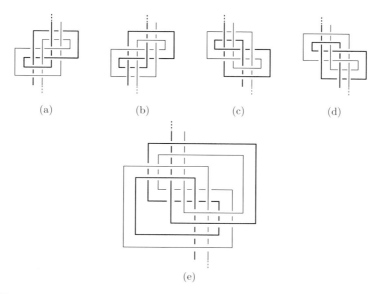

図 18.6 (a) フラマン継ぎ，(b) 鏡像，(c) 逆転，(d) 鏡像の逆転，(e) カメレオン

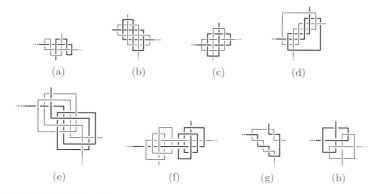

図 18.7 対称継ぎ目の例
(a) タイト・ベンド，(b) トウィードルディー，(c) 王冠継ぎ，(d) 三巻止め継ぎ，(e) トウィードルダム，(f) 八の字相引き結び，(g) 外科結び，(h)「基軸的」結び目 [訳註 1]

[訳註 1] この結び目に対称変換を施すことによりハンター継ぎをはじめとするさまざまな対称継ぎ目が得られることから，このように名づけられた．

対する彼の答えは,「そんなものはない」である．その理由は,継ぎ目には,それぞれが好まれるさまざまな特徴があるからだ．そのような特徴として,結びやすさ,正しく結べているか確認のしやすさ,自由端を出し入れすることでの調整のしやすさ,締まり具合,曲げや引っ張りに対する抗力,継ぎ目の小ささ,流線型度合い,強度,解きやすさ,美しさ,際立つ個性などがある．

補遺

　数学の本流では,さまざまなやり方によってより幾何学的な結び目理論を見つけるという挑戦に取り組んできた．位相幾何学的に結び目を研究するには,変形によって変わらない性質である不変量を用いるのが通常である．不変量の異なる二つの結び目は,位相幾何学的に異なる結び目でなければならないのだ．最初の重要な不変量は,1920年代にJ・W・アレキサンダーが発見したアレキサンダー多項式である．アレキサンダー多項式は,それぞれの結び目に対応づけられた代数式で,アレキサンダー多項式が相異なる結び目は一方から他方に変形することができないのだ．残念ながら,同じアレキサンダー多項式をもつ結び目が必ずしも位相同型とは限らない．そのようなもっとも単純な例として,横結びと縦結びがある．それよりも新しい位相不変量であるジョーンズ多項式は,アレキサンダー多項式で区別できないような結び目を区別できる．横結びのジョーンズ多項式は,縦結びのジョーンズ多項式とは相異なるのだ．

　結び目の紐を物理的な紐のようにすることで,数学者は新しい不変量を発見したが,この不変量は多項式ではなく数である．その根底にある発想は,1929年のI・ファリーにまで遡る．ゴム製の長い棒で結び目を作ることを想像してみよう．結び目が複雑になればなるほど,それを作るためには棒を折り曲げなければならず,結び目になった棒には弾性エネルギーが

蓄積する．物理的な系はエネルギーを最小化しようとするので，ゴム製の棒で作る形の中でできるだけエネルギーが小さいのはどのような形かと問うことができる．

　1987年に福原真二は，より扱いやすい物理モデルがあることに気がついた．それは，静電エネルギーである．結び目を固定長の柔軟な針金と考える．針金は，必要ならばそれ自身を通り抜けることができて，静電気を帯びているとする．同じ電荷は互いに反発するので，自由に形を変えることのできる結び目は，その静電エネルギーを最小化するために，近くにある結び目のほかの部分からできるだけ遠ざかるような配置になろうとするだろう．この最小エネルギー値が新しい幾何学的不変量なのだ．1991年に，東京都立大学の大原淳は，結び目が複雑になればなるほど結び目の最小エネルギーは増加することを証明した．与えられた値よりも大きくないエネルギーをもつ位相幾何学的に異なる結び目は有限個しかないのだ．これは，単純な結び目はエネルギーが小さいところに，より複雑な結び目ほどエネルギーが大きいところに分布するような，複雑性の自然な数値尺度が結び目にあることを意味している．

　このとき，もっとも単純な結び目は何か．1993年に，位相幾何学者スティーブ・ブリソン，マイケル・フリードマン，ゼンハン・ワン，ゼン・ズ・ヒのチームは，この単純な「結び目」が誰もが予想しているものであることを証明した．それは「丸い円環」，すなわち日常的な意味での円周である．通常，位相幾何学者にとって，円周は曲がったり捻られたりしていてもよいので，そうでないときにはわかるように「丸い」と明記しなければならない．自然な単位系を使うと，この丸い円環のエネルギーは4になり，そのほかの閉じたループはもっと大きいエネルギーをもつ．エネルギーが $6\pi + 4$ よりも小さいループは，どれも位相幾何学的には結ばれていない，すなわち，折れ曲がった円周になる．より一般的には，ある2次元の投影図で c 個の交叉をもつ結び目のエネルギーは少なくとも $2\pi c + 4$ になるが，おそらくこの下限が最善の値ではないだろう．なぜなら，三つの交叉をもつ三葉結び目の知られている最小のエネルギーは約74で，これ

は $6\pi + 4 = 22.84$ よりもかなり大きいからだ．E を越えないエネルギーをもつ位相幾何学的に異なる結び目は，たかだか 0.264×1.658^E 種類である．

ウェブサイト

結び目全般：

http://en.wikipedia.org/wiki/Knot

http://ja.wikipedia.org/wiki/結び目

http://www.animatedknots.com/

http://www.layhands.com/Knots/Knots_KnotsIndex.htm

ハンター継ぎ：

http://en.wikipedia.org/wiki/Hunter%27s_bend

結び目のエネルギー：

http://en.wikipedia.org/wiki/Knot_energies

http://torus.math.uiuc.edu/jms/Videos/ke/

19
「最完全」魔方陣

　組合せ論は，普通に列挙すると今の世界に収めるには大きすぎるような対象を，実際には列挙することなく数える技法である．娯楽数学における有名な未解決問題の一つに，与えられた大きさの魔方陣を数えるという問題がある．魔方陣のある重要なクラスについては，今やその答えがわかっている．

1	15	14	4
12	6	7	9
8	10	11	5
13	3	2	16

図 19.1 4×4 の魔方陣．すべての行，すべての列，対角線に並ぶ 4 数の和はどれも 34 になる．さらに，中心に関して正反対の位置にある 2 数の和はどれも 17 になる．

これまでに何度も魔方陣については紹介してきたが，もう一度登場願おう．1 から 16 までの連続する整数を 4×4 の配列に並べて，すべての行，すべての列，そして二つの対角線に並ぶ 4 数の合計値がすべて等しくなるようにする．たとえば，図 19.1 のようにうまく並べることができれば，4 次の魔方陣のできあがりだ．そして，その 4 数の合計値を「定和」という．この魔方陣の定和は 34 であり，1 から 16 までの整数を使った魔方陣はどれも定和は 34 になる．1 から 25 までの整数を使って同じように 5×5 の配列を作れば，5 次の魔方陣になるというように，いくらでも大きい魔方陣を作ることができる．魔方陣は，娯楽数学において好まれる主題であり，必然的に好まれる主題が尽きることはけっしてない．魔方陣に関する膨大な（私は本気でそう言っている）文献があるにも関わらず，その基本概念に新たなひと捻りを加えることは常に可能と思われる．

しかし，この主題の基礎をなす数学に根本的に新しい貢献をするのはかなり難しい．それは，単なる気晴らしの興味の範囲を越え，本格的な数学の領域に踏み込むこむことになるからだ．デイム・キャサリン・オルレンショーとデビッド・ブレーによって 1998 年に発刊された *Most-Perfect Pandiagonal Magic Squares: Their Construction and Enumeration* は，まさにその種の貢献であった．

彼らはこの本の中で，魔方陣に関する有名な未解決問題の一つに対して，初めての重要な部分解を示したのだ．それは，与えられた次数の魔方陣が何通りあるかを数え上げるという問題である．彼らの主たる結果は，いわゆる「最完全（most-perfect）」魔方陣の総数を求める明示的な公式と，それをすべて構成するための系統的な方法である．これが簡単な問題のように聞こえるといけないので，そのような 12 次の魔方陣は 220 億通り以上あり，36 次のものはおよ

そ 2.7×10^{44} 通りあることを申し添えておく．すべての魔方陣を書き並べて，
1，2，3，... と声に出して「数え上げる」ことなどできないのだ．

　彼らの研究は，組合せ論と呼ばれる数学の一分野に属する．対象を具体的に
列挙することなく，その総数を数えるのが組合せ論の技である．彼らの成果に
は，実用的な意義があるかもしれない．これは，写真の複製や画像処理に 8×8
の魔方陣を応用できそうだというところに端を発している．

　この研究において特筆すべきは彼らの身分である．二人はいずれも一般的な
数学研究者ではないのだ．デイム・キャサリン・オルレンショー（勲位デイム
は教育に対する貢献により 1971 年に授与された）は 2009 年 10 月には 97 歳に
なるが，職業人生のほとんどを教育と大学運営の統括に捧げてきた．彼女の共
同研究者であるデビッド・ブレーは，実務研修，心理学，そして近年は人工知
能に関する仕事をしてきた．

　数学的に論じるには，伝統的な $1, 2, 3, \ldots, n^2$ よりも，$0, 1, 2, \ldots, n^2 - 1$ とい
う整数で n 次の魔方陣を構成するほうが都合がよい．そして，彼らの本もこの章
もこの慣習に従っている．数学者が扱う魔方陣のそれぞれの数に 1 を加えれば，
伝統的な魔方陣になるし，逆に，伝統的な魔方陣のすべての数から 1 を引けば
数学者が扱う魔方陣になる．したがって，定和に n の差が生じることを除けば，
この二つの魔方陣の作り方には本質的な違いはない．伝統的な n 次の魔方陣の
定和は $n(n^2+1)/2$ になり，数学者が扱う n 次の魔方陣の定和は $n(n^2-1)/2$
になる．

　1 次の魔方陣は一つだけしかなく，具体的には次のものである．

　　　0

2 次の魔方陣は存在しない．（これは魔方陣が存在しない唯一の次数である．）な
ぜなら，定和の条件から，四つの数すべてが等しくなければならないからであ
る．3 次の魔方陣は 8 通りあるが，それらはどれも次の魔方陣を回転または裏
返しにしたもので，その定和は 12 になる．

　　　1　8　3
　　　6　4　2
　　　5　0　7

魔方陣を回転または裏返したものもあきらかに魔方陣の条件を満たすので，3次の魔方陣はすべて「本質的」に同じものだ．中国の伝承によれば，（1から9までの整数を使った洛書と呼ばれる）伝統的な3次の魔方陣は紀元前 2400 年頃にまで遡り，夏の皇帝である禹が亀の甲羅に魔方陣が書かれているのを見つけたと言われている．しかし，学術的にはこの年代は疑わしく，西暦 1000 年あたりというのが正しそうなところである．

4次の魔方陣は本質的に異なるものが 880 通り，5次の魔方陣はなんと 275,305,224 通りと，次数が大きくなるに従って爆発的に増える．この正確な数を求める公式は知られていない．ここで，「本質的に異なる」というのは，「回転や裏返しによって同じになるものは一つと数える」という意味である．

魔方陣を発展させるには，さらなる条件を課すことだ．目的にかなう条件のうちでもっとも自然なものは，汎対角魔方陣[訳註 1]にすることだ．汎対角魔方陣では，「分断された」対角線上にある数の和もすべて定和にならなければならない．（分断された対角線は，図 19.2 のように，それぞれの辺が反対側の辺と「つながっている」とみなしたときの対角線である．）汎対角魔方陣の一例として，定和が 30 になる次のものがある．

0	11	6	13
14	5	8	3
9	2	15	4
7	12	1	10

この魔方陣の代表的な汎対角線として，$11+8+4+7$ や $11+14+4+1$ があり，もちろんどちらの和も 30 になっている．本質的に異なる 4 次の汎対角魔方陣は 48 通り，5 次の汎対角魔方陣は 3,600 通りある．

3 次の魔方陣は汎対角ではない．たとえば，$8+2+5=15$ となって定和の 12 に等しくはないからだ．1878 年にアンドリュー・H・フロストは，より一般的には偶数次の汎対角魔方陣の次数は 4 の倍数でなければならないことを証明した．1919 年に C・プランクは，それをもっと巧妙に証明した．これについては，オルレンショーとブレーの本を参照のこと．3 よりも大きいすべての奇数

[訳註 1] 汎魔方陣や完全方陣とも呼ばれる．

19 「最完全」魔方陣　219

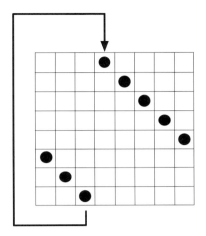

図 19.2　分断された対角線

次でも汎対角魔方陣が存在する．

最完全魔方陣は，1897 年にエモリー・マクリントックの命名によるもので[訳註 2]，汎対角魔方陣の条件にさらにいくつかの条件が加わる．まず，隣接する 2×2 の数の和がすべて同じ値，具体的には $2n^2 - 2$ になるという性質[訳註 3]をもつ．ただし，n は魔方陣の次数である．そして，それぞれの辺が反対側の辺と「つながっている」とみなした場合の 2×2 のブロックも含めることにする．この条件を満たす魔方陣は汎対角でなければならないが，逆は必ずしも成り立つわけではない．また，どの数も対角線方向に $n/2$ だけ進んだ位置にある数（この場合も，それぞれの辺が反対側の辺と「つながっている」とみなすので，どちらの対角線方向に進んでも同じ数にたどり着く．）との和がすべて同じ値，具体

[訳註 2] マクリントックの論文 "On the most perfect forms of magic squares, with methods for their production" では「complete（完備）」という語が使われていたが，オルレンショーは，これが「completed（完成させる）」と混同しがちで，また「perfect（完全）」は汎対角の意味ですでに使われているため，冗長表現だがビクトリア朝の魅力的な雰囲気の漂う「most perfect」を使うことにしたと述べている（Dame Kathleen Ollerenshaw, "On 'most perfect' or 'complete' 8×8 pandiagonal magic squares", Proc. Royal Soc. London, A407(1986) 259-281）．

[訳註 3] この性質は相結と呼ばれる．

64	92	81	94	48	77	67	63	50	61	83	78
31	99	14	97	47	114	28	128	45	130	12	113
24	132	41	134	8	117	27	103	10	101	43	118
23	107	6	105	39	122	20	136	37	138	4	121
16	140	33	142	0	125	19	111	2	109	35	126
75	55	58	53	91	70	72	84	89	86	56	69
76	80	93	82	60	65	79	51	62	49	95	66
115	15	98	13	131	30	112	44	129	46	96	29
116	40	133	42	100	25	119	11	102	9	135	26
123	7	106	5	139	22	120	36	137	38	104	21
124	32	141	34	108	17	127	3	110	1	143	18
71	59	54	57	87	74	68	88	85	90	52	73

図 19.3　12 次の最完全魔方陣

的には $n^2 - 1$ になる[訳註 4]．

　前述の 4 次の魔方陣は最完全である．たとえば，$0 + 11 + 14 + 5 = 30$ であるし，$8 + 3 + 15 + 4 = 30$ などもその条件を満たしている．また，辺が反対側の辺と「つながっている」とみなした場合の 2×2 のブロックの例には 3，4，14，9 がある．そして，どの数も，そこから対角線方向に 2 マス進んだ位置にある数との和は 15 になる．

　もっと大規模な例として，12 次の最完全魔方陣を図 19.3 に示した．

　オルレンショーとブレーの数え上げの手法で鍵となるのは，最完全魔方陣と「可逆」方陣の関係である．可逆方陣がどのようなものかを説明するには，いくつかの用語が必要だ．整数の並びは，それを逆順にした並びと元の並びで同じ位置にある数どうしを足し合わせた結果がすべて等しいとき，逆順相似という．たとえば，１４２７５８は逆順相似である．なぜなら，それを逆順にすると８５７２４１になるが，同じ位置にある数どうしの和 $1 + 8$，$4 + 5$，$2 + 7$，$7 + 2$，$5 + 4$，$8 + 1$ はすべて 9 になるからだ．そして，n 次の可逆方陣とは，

[訳註 4] この性質は完備と呼ばれる．

整数 $0, 1, 2, \ldots, n^2-1$ で作られた $n \times n$ 配列で，次の三つの条件をすべて満たすものをいう．

- すべての行は逆順相似になっている．
- すべての列は逆順相似になっている．
- 任意の長方形の対角に位置する角の和は等しい．

その一例として，整数を左から右へと昇順に並べた次の配列は可逆方陣である．

$$\begin{array}{cccc} 0 & 1 & 2 & 3 \\ 4 & 5 & 6 & 7 \\ 8 & 9 & 10 & 11 \\ 12 & 13 & 14 & 15 \end{array}$$

たとえば，3行目は $8+11 = 9+10 = 10+9 = 11+8 = 19$ であり，そのほかの行や列も同じようになっている．（ただし，その和は19ではない．）さらに，$5+11 = 7+9$ や $1+15 = 3+13$ が成り立つので，3番めの条件も満たす．また，あまり自明ではない12次の可逆方陣を図19.4に示した．

この例が示すように，可逆方陣は一般には魔方陣ではない．しかしながら，オルレンショーとブレーは，4の倍数となる次数の可逆方陣がどれもある手順によって最完全魔方陣に「変換」でき，すべての最完全魔方陣はこのやり方で得られることを示したのだ．

その手順を前述の例で説明しよう．それは3段階に分かれる．

1. それぞれの行の右半分を逆順にする．

$$\begin{array}{cccc} 0 & 1 & 3 & 2 \\ 4 & 5 & 7 & 6 \\ 8 & 9 & 11 & 10 \\ 12 & 13 & 15 & 14 \end{array}$$

2. それぞれの列の下半分を逆順にする．

64	51	81	49	48	66	65	83	82	50	80	67
28	15	45	13	12	30	29	47	46	14	44	31
24	11	41	9	8	26	25	43	42	10	40	27
20	7	37	5	4	22	21	39	38	6	36	23
16	3	33	1	0	18	17	35	34	2	32	19
72	59	89	57	56	74	73	91	90	58	88	75
68	55	85	53	52	70	69	87	86	54	84	71
124	111	141	109	108	126	125	143	142	110	140	127
120	107	137	105	104	122	121	139	138	106	136	123
116	103	133	101	100	118	117	135	134	102	132	119
112	99	129	97	96	114	113	131	130	98	128	115
76	63	93	61	60	78	77	95	94	62	92	79

図 19.4　12 次の可逆方陣

0	1	3	2
4	5	7	6
12	13	15	14
8	9	11	10

3. 最後の段階はかなり複雑である．4 次の場合でそれを説明すると，次のとおりである．方陣を 2×2 のブロックに分割する．それぞれのブロックに含まれる四つの数を図 19.5 のように移動させる．これは，左上の数はそのまま，右上の数は対角線方向に 2 マス，左下の数は右に 2 マス，右下の数は 2 マス移動させるということだ．この移動で 4×4 の方陣の縁を越えてしまうときは，その辺が反対側の辺と「つながっている」とみなして移動させる．一般の n 次の場合は，同じような手順が数式を用いて表される[訳註 5]．この結果は，次のようになる．

[訳註 5] 図 19.4 の可逆方陣にここで述べた 3 段階の手順を施すと，図 19.3 の最完全魔方陣が得られる．図 19.4 の可逆方陣に前述の第 1，第 2 段階の操作を施した後，第 3 段階でそれぞれの数がどのように移動しているかを確認してみるとよい．

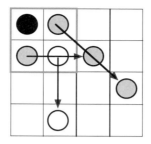

図 19.5　可逆方陣から魔方陣への変換（第 3 段階）

```
 0   14   3   13
 7    9   4   10
12    2  15    1
11    5   8    6
```

これがたしかに最完全魔方陣になっていることを確認できるだろう．

　4 の倍数になるどんな次数でも，最完全魔方陣を可逆方陣と 1 対 1 に対応させる一般的な変換手順がある．それゆえ，4 の倍数が与えられたときに，それを次数とする最完全魔方陣が何通りあるのかを数える代わりに，可逆方陣が何通りあるのかを数えればよいのだ．

　一見すると，問題をこう変えてもそれほど大きな違いはなさそうだが，可逆方陣には系統的に数え上げるのに都合のよい特徴がいくつかある．とくに，可逆方陣は，いくつかのクラスにうまく分かれている．それぞれのクラスに含まれる方陣は，「回転」，「裏返し」，「相補的な行の交換[訳註 6]」やさらに複雑ないくつかの操作などのさまざまな変換によって互いに結びついている．このようなクラスに含まれるすべての方陣を構成するためには，それらのうちの一つだけを構成し，それに対して機械的に変換を施せばよいのだ．さらに，それぞれのクラスには，「主方陣」とでも呼ぶべき特別な方陣が一つだけ含まれている．主方陣は，最上行が 0 1 で始まり，どの行や列の数も昇順に並んでいる．したがって，この主方陣を見つけさえすればよいのだ．

[訳註 6] n を可逆方陣の次数とするとき，第 i 行と第 $n+1-i$ 行の交換

そして、それぞれのクラスに含まれる方陣の数は等しい．実際、与えられた方陣の回転や裏返しを「本質的に同じ」とみなして区別しないことにすると、それぞれのクラスに含まれる本質的に異なる方陣の数は次の式で与えられることが証明できる．

$$2^{n-2}\left(\frac{n}{2}!\right)^2$$

ここで、記号！は「階乗」を表す．たとえば、$6! = 6 \times 5 \times 4 \times 3 \times 2 \times 1 = 720$ である．あとは、与えられた次数をもつ可逆な主方陣の数を数えて、その数に上記の式を掛けるだけでよいのだ．その結果が、与えられた次数をもつ本質的に異なる最完全魔方陣の数になる．

多少複雑ではあるが、可逆な主方陣の数も数式で表すことができる．この数式とその証明を示すためには、組合せ論に深く立ち入らなければならないので、本書ではここまでにしておく．ただし、$n = 4, 8, 12, 16$ を次数とする本質的に異なる最完全魔方陣の数は、それぞれ $48, 368, 640, 2.22953 \times 10^{10}, 9.32243 \times 10^{14}$ である．最後の二つは概算のみを示したが、実際に正確な数を計算することができる．ちなみに、本質的に異なる 144 次の最完全魔方陣の数は 4.34616×10^{254} だが、この数を正確に知りたいのであれば、(計算機の支援によって) この 255 桁すべてを書き下すことも可能である．

読者からの反応

カレッジ・オブ・ニュージャージーのトム・ハゲドーンは長方陣に関する二つの記事を送ってくれた．長方陣は、$m \times n$ の配列に 1 から mn までの整数を並べて、行の和はどれも同じになり、列の和もどれも同じになるようにしたものだ．行の和と列の和が等しくなくてもよい．実際、m と n が異なれば、等しくはならない．さらに、対角線方向の和に関する条件はない．m と n が同じ偶奇性 (すなわち、ともに偶数かともに奇数) で 1 よ

りも大きく，ともに 2 でなければ，長方陣が存在することは，1 世紀以上前から知られていた．ハゲドーンは，これを高次元に一般化し，n 次元の「矩形」のすべての辺が偶数ならば長方陣が存在することを示した．

辺が奇数の場合はもっと難しい．私が 1999 年にこの連載を執筆した時点では，$3 \times 5 \times 7$ の立体長方陣は知られていなかった．これは，1 から 105 までの整数を $3 \times 5 \times 7$ の格子状に並べて，水平の行の和はどれも同じになり，水平の列の和はどれも同じになり，そして垂直の列の和もどれも同じにできるかということだ．この三つの和は等しくなくてもよい．（実際，等しくすることはできない．）この未解決問題は，2004 年に中村光利により図 19.6 の配置が発見された．

2	41	89	63	70
57	31	94	29	54
59	40	38	93	35
78	34	9	45	99
85	48	18	92	22
11	76	67	24	87
79	101	56	25	4

55	37	20	91	62
83	46	26	100	10
16	105	33	8	103
74	64	53	42	32
3	98	73	1	90
96	6	80	60	23
44	15	86	69	51

102	81	50	5	27
19	82	39	30	95
84	14	88	58	21
7	61	97	72	28
71	13	68	66	47
52	77	12	75	49
35	43	17	65	104

図 19.6　$3 \times 5 \times 7$ の立体長方陣

ウェブサイト

魔方陣全般：

http://en.wikipedia.org/wiki/Magic_square

http://ja.wikipedia.org/wiki/魔方陣

http://mathworld.wolfram.com/MagicSquare.html

http://www.trump.de/magic-squares/

魔方陣の数え上げ：

http://www.sciencenews.org/articles/20060624/mathtrek.asp

20
そりゃあ無理というものだ！

　角の三等分や円積問題に取り組む愛好家は，彼らの結果を数学者が送り返してくると，(a) そんなはずはない，そして (b) いや，過ちを見つけようとして読んでくれていない，と言って腹を立てがちだ．当然のことながら，これは困ったものである．このような数学者の扱いは，至極公平であり，完全に理にかなったものだ．数学では，否定を証明することができるのである．

日常生活において，あることが不可能だと言ったとしても，多くの場合はそういう意味ではない．すなわち，文字どおりに不可能ではないし，絶対にできないということでもない．ただ，それを達成するのにどうすればよいかわからないという意味に過ぎない．多くの人々は，空気よりも重い機械が飛ぶことは不可能だと考えていた．もっと前には，水よりも重い機械が浮くことは不可能だと考えていたのだから，歴史から学んでいないということをまたしても証明したことになる．人類の想像力は，一見すると不可能であることをしばしば克服してきた．しかし，日常生活においてさえ，たとえば，人間が自力で水中で 1 年もの間生きつづけることはできないなどと，いくつかのことは不可能だと思い込んでいる．（もちろん，適切な装備があれば，これはまた別の問題である．）そして，人の心を読む能力などのように，多くの人は不可能だと考えているが一部の人はできると固く信じているような判断の難しい領域もある．

しかし，数学においては，しばしば不可能であることを証明できる．たとえば，3 は 2 の整数べきではないというのは証明できる．これを証明するひとつの方法は，べき乗が何であるかを考え，2^1 は 3 より小さいが，2^2 以降は 3 より大きいことに気づくことだ．

テリー・プラチェットの一連のファンタジー小説 *Discworld* に登場するバーサーは 3 と 4 の間にアンプトという整数があると信じているが，ラウンドワールドの数学者はそれを否定する．これが示しているように，不可能性の証明は，それが提示されている数学の世界においてのみ成り立つのであって，ゲームの規則が変われば，別のことが起きるかもしれないのだ．たとえば，「5 を法とする整数」の世界では，5 の倍数はすべて 0 とみなされるので，$3 = 2^3$ が成り立つ．しかし，そうだからといって，当初の不可能性の主張が誤りだということにはならない．なぜなら，文脈が違うからだ．すなわち，今語ろうとしていることは注意深く定義しなければならないということだ．これは数学の教科書では非常に重要なことだが，数学レクリエーションの連載記事の読者は，私がやろうと思えばもっと厳密にできるとわかっているだろうから，もう少し肩肘はらないやり方で進めることにする．

ある課題が不可能であることを証明するという数学に備わった力には，挫折感を引き起こすという副作用がある．たとえば，私がこの 10 年の間，ノート

を長い計算で埋め尽くすことに費やし，何千桁にもなる新しい素数を見つけたと確信したとする．そして，その素数は，これまでに知られているどの素数とも違って偶数だったとしよう．通常の十進法表記で，その最後の桁は 6 なのだ．この驚くべき成果に大層興奮して，私はその結果を数学者に送りつけるが，数学者はばかげていると言ってすぐさまそれを送り返す．なお悪いことに，私がどこが間違っているのかと尋ねると，数学者は私の結果を読んではおらず，どこに間違いがあるのかはまったく知らない．しかし，間違いがなければならないことはわかっていると答えるのだ．私は愕然とする．なんて傲慢なのだろう．私はこの問題に 10 年を費やした．彼は 10 分で，私が書いてきたものをほとんど無視し，そのうえ私が間違っていると主張するのだ．

日常生活のたいていの場面でこんなことをしたら，もちろん傲慢だということになるだろう．しかし，数学においては，単純な論理を適用したにすぎない．偶数の素数は 2 だけなのだ．それ以外に偶数の素数はない．なぜなら，偶数はどれも 2 で割り切れるが，ほかの素数で割り切れるような素数は存在しないからだ．

数学は決定不能，すなわち，与えられた命題に妥当な証明があるかどうかを決定するアルゴリズムはないというクルト・ゲーデルの証明は，不可能性の核心にもっとも踏み込んだ定理の一つである．19 世紀にニールス・ヘンリック・アーベルやそれに続くエヴァリスト・ガロアが，通常の四則演算と根号だけを用いた公式では一般の 5 次方程式を解くことができないことを証明したのも，またひとつの重要な不可能性の証明である．平方根，3 乗根，4 乗根と続く，これらの式はべき根と呼ばれる．2 次，3 次，4 次の方程式に対するべき根を用いた解の公式は，それまでの時代の数学者によって発見されてきた．たいがいの人も，中学で 2 次方程式の解の公式を学ぶが，それには平方根が使われている．3 次方程式と 4 次方程式にも，同様だがはるかに複雑な解の公式が存在する．しかし，5 次方程式に対して同じような解の公式を見つけようとする試みはことごとく失敗した．

アーベルとガロアは，そのような試みはけっして成功しないことを証明して，これに終止符を打った．アーベルの証明は創意工夫の見本のようなものだが，ガロアの証明はもっと体系的で，ガロア理論と呼ばれる新しい数学の分野を構

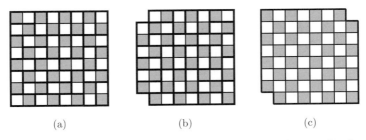

図 20.1 盤 (a) と (b) はドミノ牌で敷き詰めることができるが，盤 (c) は敷き詰めできるだろうか

築する必要があった．それより前に，イタリアの数学者パオロ・ラフィーニは500ページにも及ぶ不可能性の証明を発表し，その後，証明が少し簡単になることを発表したが，それでもなお大部で，それに誤りがないことを誰も確認できなかったであろう．皮肉なことに，今ではその証明には重大な飛躍が一ヶ所だけあり，それはアーベルの証明の一部分により埋められることがわかっているが，アーベルはそれでラフィーニの証明が完成することに気づいていなかった[原註 1]．

こういった不可能性の証明がどのようになされるかは，よく知られたパズルを考えてみるとよい．チェス盤には 64 個のマスがある．32 個のドミノ牌があり，それぞれのドミノ牌はチェス盤の 2 マスと同じ大きさだとすると，この 32 個のドミノ牌をチェス盤に敷きつめるやり方は非常にたくさんある．そのうちの一つを図 20.1a に示した．また，チェス盤の隣り合う隅のマス 2 個を取り除けば，そこに 31 個のドミノを簡単に敷きつめることができる．その一例は図 20.1b のとおりである．ちなみに，ここまでを通して，それぞれのドミノ牌はチェス盤の隣り合う 2 個のマスにぴたりとはまることが，このパズルの前提の一つであった．しかしながら，図 20.1c のようにチェス盤の対角に位置する隅のマス 2 個を取り除くと，それにドミノ牌をどのように敷き詰めようとしてもうまくいかない．

何度やってもうまくいかないことが，この問題を解くことが不可能だという

[原註 1] このあたりの事情や歴史については，拙著 *Why Beauty is Truth* を参照のこと．

証明になるだろうか．いや，そうではない．たとえ一生を費やしてやってみたとしても，不可能であることの証明にはならない．それでは，本当に不可能なのか．そのとおりである．

しかし，どうやってそう結論づければよいのか．

それはこうするのだ．ドミノ牌をチェス盤に置くと，必ず黒マス一つと白マス一つを覆うことになる．したがって，ドミノ牌でチェス盤を敷きつめたとしたら，それらが覆う白マスの総数は黒マスの総数に等しくなければならない．この条件は，最初の 2 種類の盤には当てはまるが，対角に位置する隅のマス 2 個を取り除いた盤には当てはまらない．一方の色のマスは 30 個，もう一方の色のマスは 32 個だからである．

このパズルには，四則演算とべき根だけでは 5 次方程式は解けないというガロアの証明と共通する基本的要素が含まれている．（アーベルの証明は，この枠組みにはうまく当てはまらない．）それは，不変量を使っているということだ．不変量は，詳細な解の形がわからなくても計算することのできる，解があるとしたら，それがもつべきある種の特性である．ドミノの敷きつめの問題の不変量は単純で，黒マスの総数と白マスの総数が等しいということだ．5 次方程式では，ガロア群と呼ばれる，方程式の解の対称性に関する精緻な代数的性質が不変量になる．解になりそうなものが何であれ，その不変量が問題の条件と一致しなければ，それはけっして解にはならない．そう断言するのに，解になりそうなものがどんなものかを知る必要さえないのだ．

不変量が違っていれば，答えは間違っている．これだけであり，そこから逃れる術はない．その答えがどんなものかを気にする必要はないのである．

幾何学の領域でガロア理論と娯楽数学が見事に交錯するのは，目盛のない定規とコンパスだけを使った作図である．作図は，いくつかの既知の点の集合から始めて，直線または円の交点を新しい点としてつぎつぎと追加していく．直線はどれも既知の点どうしを結ぶように引かなければならず，円はどれも既知の点を中心として別の既知の点を通るように描かなければならない[原註 2]．

こういった作図によってどんな問題が解けるのだろうか．たとえば，与えら

[原註 2] 通常，コンパスは既知の点を中心として既知の長さの円を描くように用いることができるが，ここで述べられた使い方に限定しても，作図できる図形に違いはない．

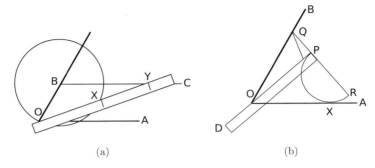

(a)　　　　　　　　　(b)

図 20.2　角 AOB の三等分

(a) 目盛付きの定規を使う方法．B を中心として O を通る円を描く．OA に平行に BC を引く．XY = OB となるように X と Y の目盛を定規につける．定規を点 O に当て，X が円周上に，Y が BC 上になるようにする．すると，角 AOY は，角 AOB の 3 分の 1 になる．(b) まず，トマホークを作る．半円の直径 PR を延長して，PQ が PR の半分の長さになるように Q をとる．そして，PD は PR に垂直になるようにする．このトマホークを，PD が O を通り Q が OB 上にあり，OA が（点 X で）半円に接するように置く．すると，角 POQ は角 AOB の 3 分の 1 になる．

れた線分を与えられた数に等分することができる．また，与えられた角を二等分することができるので，4 等分，8 等分，16 等分と 2 のべきに等分することはできる．辺の数が 3，4，5，6，8，10，12 の正多角形も作図できる．ユークリッドはこれらがどれも作図できることを知っていた．その後 2 千年もの間，多くの人々が簡単そうに見える次の 3 題を同じやり方で解こうとしてきた．

- 立方体の倍積問題：与えられた立方体の 2 倍の体積をもつ立方体を作図せよ．
- 角の三等分：与えられた角を三等分せよ．
- 円積問題：与えられた円と等しい面積をもつ正方形を作図せよ．

いまや，これらの問題がなぜそれほどまでに厄介なのかわかっている．この三つはどれも不可能問題なのである．

　探しているのは近似解ではない．これらの 3 問に対する任意の精度の近似解は，直接的に求めることができる．また，ほかの器具を使えるように問題の条件を緩和すれば，図 20.2 のような目盛付きの定規や「トマホーク」を使って角

を三等分することができる．

　これらの場合も，誰もが答えを見つけられないということでは何も証明したことにならない．1796年にカール・フリードリッヒ・ガウスは，先人には成し遂げられなかった定規とコンパスだけによる正17角形の作図法を発見した．同様にして，正257角形や正65,537角形も作図できる．なぜ，この辺数だと作図できるのか．ほかにも作図できる正多角形はあるのか．あるいは，もうないのか．

　具体的に言えば，定規とコンパスによる作図において，何が不変量なのか．

　このような作図は，どれも座標系を用いて表現でき，点の座標である数の一連の計算に相当する．作図のそれぞれの段階では，1次か2次の代数方程式によって既知の値からそれに関係する新しい数を得ることになる．（1次方程式は直線と直線の交点，2次方程式は円を用いるときの交点を求めることに対応する．）これは，作図におけるそれぞれの点の「次数」，すなわち，その点が解となる方程式のうち，次数がもっとも低いものは2のべきでなければならないということだ．これがもっとも単純な不変量となり，先に挙げた3問が不可能であることを示すのにはこれで十分である．

　立方体の倍積問題は方程式 $x^3 - 2 = 0$ を解くことと等価であり，これは3次方程式である．3は2のべきではないので，この作図は不可能である．

　角の三等分もまた，3次方程式を解くことと等価である．（これは，三角法と等式 $\cos 3x = 4\cos^3 x - 3\cos x$ から導くことができる．）したがって，この作図も不可能である．

　円積問題は，次数が2のべきになっている，π を解とする方程式を見つけることと等価である．しかし，（1882年にフェルディナンド・リンデマンが証明した難しい定理によって）π は，どんな次数の代数方程式の解にもなることはない．（ちなみに，$x - \pi = 0$ は，そのような方程式とはみなさない．なぜなら，方程式の係数は作図を始める際の点の座標に関する値でなければならないからだ．）

　こうして数学者は，目盛のない定規とコンパスだけでこの3問のいずれかを解こうとするのは時間の浪費であると知っているのである．さらなる詳細が知りたければ，拙著 *Galois Theory* を参照してほしい．残念ながら，それが不可

能だという証明が存在していても，これらの問題を解こうとする人がいなくなることはない．それは，おそらく数学における不可能性がなんたるかを理解していないからであろう．アンダーウッド・ダッドリーの *A Budget of Trisections* には，このような問題を解こうとする多くの試みが紹介されていて興味深い．

悲しいかな，定規とコンパスによって角を三等分しようとするのは，ここまでに説明した不変量によって，3 が 2 の整数べきだと証明しようとする試みと同じである．それでも，それを証明したと思い込んだ者として歴史に名を残したいと思うだろうか．

ウェブサイト

角の三等分：

　　http://en.wikipedia.org/wiki/Angle_trisection

　　http://ja.wikipedia.org/wiki/定規とコンパスによる作図

　　http://mathworld.wolfram.com/AngleTrisection.html

　　http://www.cut-the-knot.org/pythagoras/archi.shtml

立方体の倍積問題：

　　http://en.wikipedia.org/wiki/Doubling_the_cube

　　http://ja.wikipedia.org/wiki/立方体倍積問題

　　http://www-history.mcs.st-and.ac.uk/HistTopics/Doubling_the_cube.html

　　http://mathforum.org/dr.math/faq/davies/cubedbl.htm

円積問題：

　　http://en.wikipedia.org/wiki/Squaring_the_circle

　　http://ja.wikipedia.org/wiki/円積問題

http://en.wikipedia.org/wiki/Transcendental_number
http://ja.wikipedia.org/wiki/超越数
http://mathworld.wolfram.com/CircleSquaring.html

5 次方程式：

http://en.wikipedia.org/wiki/Quintic_equation
http://ja.wikipedia.org/wiki/五次方程式
http://mathworld.wolfram.com/QuinticEquation.html

21

12面体で踊ろう

　数学の使い方はさまざまで，教え方もさまざまである．しかし，考案者が話してくれるまで，そんなやり方があるとは思いもしなかったこともある．多くの数学的娯楽とは異なり，これは仲間と楽しむものなのだ．実際には，10人が必要な場合もある．それはダンスである．

第 14 章では，古くからあるあやとりの技術を新しい視点で扱った．それは，一見するとそれほど数学的ではないが，概して数学に興味のある人々に訴えかける主題であった．読者からの反応によって，その主題が実際に数学的だということはある程度の確信が得られたし，そのうちのいくつかは第 14 章の「読者からの反応」で紹介した．しかしながら，一通の手紙によって，私が予期していたものとはまったく異なる主題が浮かび上がった．それは，あやとり，数学，そしてダンスを結びつけるものであった．これは非常に興味深く，それ自体を数学レクリエーションの記事にすることにした．

　たとえば，絵画における遠近法の使用や音階に存在する比率など，数学と芸術には多くの結びつきがある．だが，私がこれまでに知っていた数学と舞踏の間のつながりは，私の同僚のバス大学数学科教授クリス・バッドが何年か前に行った，英国のカントリー・ダンスの対称性の分析だけであった．私に届いた手紙に書かれていたのは，それとはまったく異なっていて，新しい舞踏を生み出すために意識的に数学を用いるものであった．その手紙は，サンタクルーズでスターン氏と共同で舞踏団を主催しているカール・シェイファーからで，いくつのも輪になった紐で正多面体やその他の数学的図形を作ることを中心に構成された舞踏について述べられていた．

　シェイファーは，彼とスコット・キムが，1994 年に「輪を通り抜けて，完全なる正方形の探求」という舞踏パフォーマンスを創作したことから多面体のあやとりに関して興味をもったと述べている．この舞踏パフォーマンスは，サンフランシスコ湾岸地域の小学生に対して演じられた．これは彼の舞踏団が当時演じていた五つの数学的舞踏公演の一つで，それらはどれも押しつけがましくはないが意外性のある状況によって幼い観衆に数学的なアイデアを伝えるものであった．ちなみに，スコット・キムは，マーチン・ガードナーの数学ゲームの昔からの読者にはよく知られた名前である．ガードナーは，キムの考案した同じ書き文字を普通の向きに読むのとひっくり返して読むのでは相異なる単語，場合によっては逆の意味の単語になるような装飾書体に関する記事を書いた．

　この公演の開発には地元のあやとり愛好家グレッグ・キースも参加していて，彼がいくつかの伝統的な二人あやとり舞踏を舞踏団に教えた．すると，舞踏団はすぐに独自の新しいアイデアへと発展させ，その中には多面体を基本とした

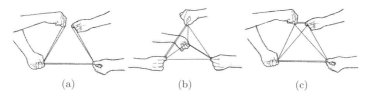

図 21.1　二人のダンスで作る 4 面体

3 次元の紐のパターンも含まれていた．舞踏団は，1998 年 1 月にアトランタで開催されたガードナーを讃える集会 *Gathering for Gardner III* でこの成果を発表した．

　単純な例として，二人のダンサーがどのようして輪になった一つの紐で（2 辺だけは二重になっている）4 面体を作るかを図 21.1 に示す．一人目が左側，二人目が右側に立って，二人の間に輪になった紐を渡す．二人はそれぞれ右手で輪の端をもち，そこから少し離れた紐が二重になった部分を左手でつかむ．一人目は右手を左手の上に交叉させると同時に，二人目は左手と右手を離す．そして，触れるくらいまでお互いの右手を前に伸ばす（図 21.1a）．つぎに，二人は，それぞれ右手で自分の紐をもったまま相手のもつ輪の一方の紐をつかむ．そして一人目がつかんでいる二重の紐に沿って右手を動かして，右手を元の自然な位置に戻すと，紐は図 21.1b のようになる．最後に，二人が右手を上げ左手を下げると，二重の紐でできた 2 辺と 1 本の紐でできた残りの 4 辺からなる正 4 面体ができあがる（図 21.1c）．

　想像力をもう少し働かさなければならないが，同じようにして，6 人のダンサーが輪になった 6 本の紐かリボンを使って立方 8 面体と呼ばれる準正多面体を作る方法を図 21.2 に示す．立方 8 面体には，6 個の正方形と 8 個の正三角形の面がある．図 21.3 は，もっと複雑な一連の進行動作の（ダンサーの動きではなく）紐の動きを示している．このダンスは 1 本の（長い）輪を 3 人でもつところから始め，三角形からまず 4 面体になり，それから 8 面体（八つの三角形の面をもつ立体）に変わる．そして，4 人目が加わって，この 8 面体を立方体に変形させる．最後に，さらに 6 人がダンスに加わり，立方体はまず 12 面体（12 個の五角形の面），そして 20 面体（20 個の三角形の面）になる．これ

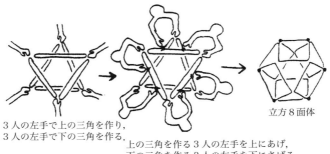

図 21.2　6 人のダンスで作る立方 8 面体

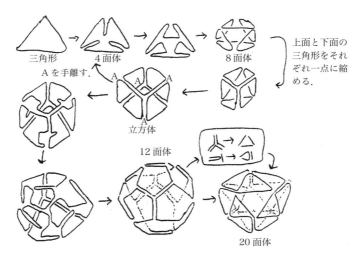

図 21.3　3 人/4 人/10 人のダンスで作るすべての正多面体

で 5 種類のプラトン多面体 (4 面体, 立方体, 8 面体, 12 面体, 20 面体) すべてが表現できた.

　シェイファーは, 次のように述べている. この種の連続的変形は, 机上で絵を描くよりも実際の紐を使ったほうが簡単に見つけられる. また, 新しい形状や変形には, 集団活動が必須である. なぜなら, 紐をもつために多くの手が必

要となるからだ．通常，多面体のそれぞれの頂点を片手でもつことになるので，20個の頂点のある12面体を作るためには10人が必要になる．しかし，作ろうとしている形状が誰から見てもそう見えるような位置取りにするのは，かなり大変である．

　この種の実体験は，学校の授業でやっても楽しいし，空間的思考のやさしい入門にもなる．そして，さらにこれを深めれば，本格的な数学的発想を開拓することにも使える．たとえば，どの辺が二重になっているかを理解することで，グラフにおける「オイラー閉路」の考察へとつながっていく．グラフは辺で互いに結ばれた頂点の集まりで，オイラー閉路はすべての辺を一度ずつ通る閉じた経路であったことを思い出してほしい．ここでは，頂点は参加者の両手であり，辺は作ろうとしている多面体の辺で，物理的には紐の一部分によって構成されている．しかしながら，ダンスによって作られる多面体のいくつかの辺は，それぞれ紐が二重もしくはそれ以上になっていることがある．なぜ，そうなるのか．それぞれの辺を1本の紐にすることはできないのだろうか．

　一般的には，その答えは「できない」である．説明のために，輪になった紐が1本だけだとしよう．すると，その紐は多面体のすべての辺を通過する閉路になっていなければならない．1735年に，レオンハルト・オイラーは，有名なケーニヒスベルクの橋のパズルに関連してこの問題に直面した．ケーニヒスベルクを流れるプレーゲル川には，二つの島がある．当時，これらの島は，図21.4のように，互いにそして河岸と七つの橋で結ばれていた．町の住民は，これら七つの橋をそれぞれ一度だけ通過するような道順を見つけようと長い年月を費やしてきたと言われている．オイラーはそのような経路が存在しないことを証明した．

　どのようにしてそれを証明したのか．オイラーの証明は記号を用いていたが，二つの島と二つの対岸を合わせた四つを頂点とし，七つの橋を辺とみなすように翻訳することができ，そうすると，これはグラフまたはネットワークの問題になる．そして，オイラーは，閉路がグラフのそれぞれの辺をちょうど一度ずつ通るとしたら，すべての頂点では偶数本の辺が集まらなければならないことを証明した．鍵となる発想は，この閉路がある辺を通って頂点に達したならば，また別の辺を通ってその頂点から出ていかなければならないので，その頂点に

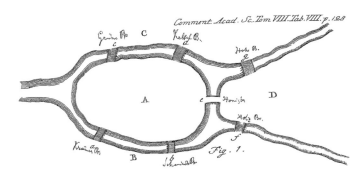

図 21.4　オイラーのケーニヒスベルクの橋の問題

集まる辺はどれも対にならなければならない．したがって，その辺の数は偶数でなければならないということだ．ケーニヒスベルクの橋ではこの条件が成り立たないので，このパズルに解は存在しないのだ．

　さらに重要なこととして，オイラーはこの逆もまた成り立つことを証明した．頂点に集まる辺が偶数本という条件を満たす連結な（すなわち，全体がひとつながりになっている）任意のグラフでは，すべての辺をちょうど一度ずつ通る閉路が常に存在するのだ．これを証明するには，ある閉路を作るところから始める．その閉路がある辺を通らないならば，閉路を修正して「迂回路」を作ることでこの辺を閉路に追加することができる．頂点に集まる辺が偶数本という条件から，この迂回路が途中で「袋小路」に入って迂回路の出発点に戻れなくなることはない．そして，すべての辺が閉路に含まれるまで，迂回路を追加しつづければよい．証明終り！

　この定理によって，ダンスにおいて紐が二重になる辺が生じる理由がわかる．たとえば，12 面体を考えてみよう．12 面体では 20 個の頂点が 30 本の辺で結ばれている．それぞれの頂点には 3 本（これは奇数である）の辺が集まっているので，それぞれの辺をちょうど一度ずつ通る閉路は存在しない．しかしながら，ある辺を二重にすれば，その辺の両端にある二つの頂点には，それぞれ 4 本の辺が集まり，これは偶数である．すべての頂点に偶数の辺が集まるようにするには，どの 10 本の辺を二重にすればよいかわかるだろうか．それが見つ

けられないのならば，すべての辺を二重にすればよい．そうすると，それぞれの頂点には 6 本の辺が集まることになる．しかし，本当にそんなに多くの辺を二重にしなければならないだろうか．ちなみに，図 21.3 の 12 面体はこのいずれでもない．その主たる理由は，三重の回転対称性をもつようにしているからである．

これ以外にも，輪になった紐を使うダンスは，たとえば，3 次元空間の幾何学や対称性などの単純なアイデアを説明するのにも使うことができる．しかし，ここまで教育に有効でなくてもよい．ダンスそのものにも，また計りしれない楽しみがあるからだ．とくに，パーティーの場を和ませる効果は絶大である．

ウェブサイト

シェイファー博士とスターン氏の舞踏団：

　　`http://www.mathdance.org`

スコット・キムの回文的装飾書体：

　　`http://www.scottkim.com/inversions`

ケーニヒスベルクの橋：

　　`http://en.wikipedia.org/wiki/Seven_Bridges_of_K%C3%B6nigsberg`

　　`http://ja.wikipedia.org/wiki/一筆書き`

　　`http://mathworld.wolfram.com/KoenigsbergBridgeProblem.html`

　　`http://www.contracosta.edu/math/konig.htm`

グラフ理論全般：

　　`http://en.wikipedia.org/wiki/Graph_theory`

　　`http://ja.wikipedia.org/wiki/グラフ理論`

参考文献

第1章

Henry Ernest Dudeney, *Amusements in Mathematics*, Dover, New York 1958.（邦訳：藤村幸三郎/林一/高木茂男共訳,『パズルの王様』全4巻, ダイヤモンド社, 1974）

Ivar Ekeland, *The Broken Dice*, University of Chicago Press, Chicago 1993.（邦訳：南條郁子訳,『偶然とは何か──北欧神話で読む現代数学理論全6章』, 創元社, 2006）

Martin Gardner, *Mathematical Magic Show*, Penguin, Harmondsworth 1965.（邦訳：一松信訳,『続々数学魔法館』, 東京図書, 1979）

Ian Stewart, *Another Fine Math You've Got Me Into*, Freeman, New York 1992; reprinted Dover, New York 2003.（邦訳：山崎秀記/田中裕一/坂井公共訳,『スチュアート教授のおもしろ数学入門』, 日経サイエンス社, 1993）

Ian Stewart, *Game, Set and Math*, Blackwell, Oxford 1989; reprinted Dover, New York 2007.

Ian Stewart, *How to Cut a Cake*, Oxford University Press, Oxford 2006.（邦訳：伊藤文英訳,『分ける・詰め込む・塗り分ける──読んで身につく数学的思考法』, 早川書房, 2008）

Ian Stewart, *Math Hysteria*, Oxford University Press, Oxford 2004.（邦訳：伊藤文英訳,『パズルでめぐる奇妙な数学ワールド』, 早川書房, 2006）

第2章

Kenneth A. Brakke, The opaque cube problem, *American Mathematical Monthly* 99 (1992) 866-871.

Vance Faber, Jan Mycielski, and Paul Pedersen, On the shortest curve which meets all the lines which meet a circle, *Annales Polonici Mathematici* 154 (1984) 249-266.

Vance Faber and Jan Mycielski, The shortest curve that meets all the lines that meet a convex body, *American Mathematical Monthly* 93 (1986) 796-801.

Martin Gardner, The opaque cube problem, *Cubism for Fun* 23 (March 1990) 15.

Martin Gardner, The opaque cube again, *Cubism for Fun* 25 (December 1990) 14-15.

Bernd Kawohl, The opaque square and the opaque circle, in *General Inequalities VII*, International Series in Numerical Mathematics 123 (1997) 339-346.

Bernd Kawohl, Symmetry or not?, *Mathematical Intelligencer* 20 no.2 (1998) 16-21.

第3章

Cameron Browne, *Hex Strategy*, A.K. Peters, Natick MA 2000.

Martin Gardner, *Mathematical Puzzles and Diversions from Scientific American*, Bell, London 1961. (邦訳：金沢養訳,『おもしろい数学パズル I』, 社会思想社, 1980)

Sylvia Nasar, *A Beautiful Mind*, Faber & Faber, London 1998. (邦訳：塩川優訳,『ビューティフル・マインド——天才数学者の絶望と奇跡』, 新潮社, 2002)

Ian Stewart, *Math Hysteria*, Oxford University Press 2004. (邦訳：伊藤文英訳,『パズルでめぐる奇妙な数学ワールド』, 早川書房, 2006)

第4章

Andrew Granville, Prime number patterns, *American Mathematical Monthly* 115 (2008) 279-296.

Harry L. Nelson, *Journal of Recreational Mathematics* 11 (1978-79) 231.

Andrew Odlyzko, Michael Rubinstein, and Marek Wolf, Jumping champions, *Experimental Mathematics* 8 no. 2 (1999) 107-118.

第5章

A.H. Cohen, S. Rossignol, and S. Grillner (eds.), *Neural Control of Rhythmic Motions in Vertebrates*, Wiley, New York 1988.

P. Gambaryan, *How Mammals Run: Anatomical Adaptations*, Wiley, New York 1974.

M. Hildebrand, Symmetrical gaits of horses, *Science* 150 (1965) 701-708.

Eadweard Muybridge, *Animals in Motion*, Dover, New York 2000.

第 6 章

Colin C. Adams, *The Knot Book*, W.H. Freeman, San Francisco 1994. (邦訳：金信泰造訳,『結び目の数学——結び目理論への初等的入門』, 培風館, 1998)

Colin C. Adams, Tilings of space by knotted tiles, *Mathematical Intelligencer* 17 no. 2 (1995) 41-51.

B. Grünbaum and G.C. Shephard, *Tilings and Patterns*, W.H. Freeman, New York 1987.

第 7 章

Robert Geroch and Gary T. Horowitz, Global structure of space-times, in *General Relativity: An Einstein Centenary Survey* (editors S.W. Hawking and W. Israel), Cambridge University Press, Cambridge 1979, 212-293.

John Gribbin, *In Search of the Edge of Time*, Bantam Press, New York 1992.

H.G. Wells, The *Time Machine, in Selected Short Stories of H.G. Wells*, Penguin Books, Harmondsworth 1964. (邦訳：橋本槇矩訳,『タイム・マシン 他九編』, 岩波書店, 1991, 阿部知二訳,『ウェルズ SF 傑作集 1 タイム・マシン』, 東京創元社, 1996, など)

第 8 章

Jim Al-Khalili, *Black Holes, Wormholes and Time Machines*, Taylor and Francis, London 1999.

Jean-Pierre Luminet, *Black Holes*, Cambridge University Press, Cambridge 1992.

R. Penrose, Singularities and time-asymmetry, in *General Relativity: An Einstein Centenary Survey* (editors S.W. Hawking and W. Israel), Cambridge University Press, Cambridge 1979, 581-638.

Edwin F. Taylor and John Archibald Wheeler, *Exploring Black Holes: An Introduction to General Relativity*, Addison-Wesley, New York 2000. (邦訳：牧野伸義訳,『一般相対性理論入門——ブラックホール探査』, ピアソン・エデュケーション, 2004)

第 9 章

Andreas Albrecht, Robert Brandenberger, and Neil Turok, Cosmic strings and cosmic structure, *New Scientist* 16 April 1987, 40-44.

Sean M. Carroll, Edward Farhi, and Alan H. Guth, An obstacle to building a time machine, *Physical Review Letters* 68 (1992) 263-269.

Marcus Chown, Time travel without the paradoxes, *New Scientist* 28 March 1992, 23.

John R. Cramer, Neutrinos, ripples, and time loops, *Analog* (February 1993) 107-111.

J. Richard Gott, III, Closed timelike curves produced by pairs of moving cosmic strings: exact solutions, *Physical Review Letters* 66 (1991) 1126-1129.

Michael S. Morris, Kip S. Thorne, and Ulvi Yurtsever, Wormholes, time machines, and the weak energy condition, *Physical Review Letters* 61 (1988) 1446-1449.

Ian Redmount, Wormholes, time travel, and quantum gravity, *New Scientist* 28 April 1990, 57-61.

第10章

Donald G. Bancroft, *Rollable body*, US Patent #4,257,605, United States Patent and Trademark Office, Alexandria VA, 24 March 1981.

Alessandra Celletti and Ettore Perozzi, *Celestial Mechanics: The Waltz of the Planets*, Springer, New York 2006.

Richard S. Westfall, *Never at Rest: A Biography of Isaac Newton*, Cambridge University Press, Cambridge 1983. (邦訳：田中一郎/大谷隆昶共訳,『アイザック・ニュートン I』,『同 II』, 平凡社, 1993)

Michael White, *Isaac Newton: The Last Sorcerer*, Fourth Estate, London 1998.

第11章

J. Eggers and T.F. Dupont, Drop formation in a one-dimensional approximation of the Navier-Stokes equation, *Journal of Fluid Mechanics* 262 (1994) 205.

D.H. Peregrine, G. Shoker, and A. Symon, The bifurcation of liquid bridges, *Journal of Fluid Mechanics* 212 (1990) 25-39.

X.D. Shi, Michael P. Brenner, and Sidney R. Nagel, A cascade structure in a drop falling from a faucet, *Science* 265 (1994) 219-222.

D'Arcy W. Thompson, *On Growth and Form*, Cambridge University Press, Cambridge 1942. (邦訳：柳田友道/遠藤勲/古沢健彦/松山久義/高木隆司共訳,『生物の

かたち』, 東京大学出版会, 1973)

第 12 章

R.A.J. Matthews, The interrogator's fallacy, *Bulletin of the Institute of Mathematics and its Applications* 31 (1994) 3-5.

第 13 章

Robert Abbott, *Supermazes*, Prima Publishing, Rocklin 1997.

Martin Gardner, *The Colossal Book of Mathematics*, W.W. Norton, New York 2001.

Martin Gardner, *More Mathematical Puzzles and Diversions from Scientific American*, Bell, London 1963.（邦訳：金沢養訳,『おもしろい数学パズル II』, 社会思想社, 1981）

Ian Stewart, A partly true story, *Scientific American* 268 no. 2 (1993) 85-87.

第 14 章

W.W. Rouse Ball and H.S.M. Coxeter, *Mathematical Recreations and Essays*, Macmillan, London 1939.

Henry Ernest Dudeney, *Amusements in Mathematics*, Dover, New York 1958.（邦訳：藤村幸三郎/林一/高木茂男共訳,『パズルの王様』全 4 巻, ダイヤモンド社, 1974）

Maurice Kraitchik, *Mathematical Recreations* (2nd ed.), Allen & Unwin, London 1960.（邦訳：金沢養訳,『100 万人のパズル』上・下, 白揚社, 1968）

Allen J. Schwenk, Which rectangular chessboards have a knight's tour?, *Mathematics Magazine* 64 no. 5 (1991) 325-332.

第 15 章

Joseph D'Antoni, Variations on Nauru Island figures, *Bulletin of the International String Figure Association* 1 (1994) 27-68.

Caroline Jayne, *String Figures and How to Make Them*, Dover, New York 2003.

James R. Murphy, Using string figures to teach math skills, *Bulletin of the International String Figure Association* 4 (1997) 56-74.

Mark A. Sherman, Evolution of the Easter Island string figure repertoire, *Bulletin* of String Figures Association 19 (1993) 19-87.

Yukio Shishido, The reconstruction of the remaining unsolved Nauruan string figures, *Bulletin of the International String Figure Association* 3 (1996) 108-130.

Alexei Sossinsky, *Knots*, Harvard University Press, Cambridge MA 2002.

Tom Storer, *Bulletin of String Figures Association* special issue 16 (1988) (especially Chapter III on Indian diamonds).

Kurt Vonnegut, *Cat's Cradle* (new edn), Penguin Books, Harmondsworth 1999. （邦訳：伊藤典夫訳，『猫のゆりかご』，早川書房，1979）

第16章

Stephan C. Carlson, *Topology of Surfaces, Knots and Manifolds: A First Undergraduate Course*, Wiley, New York 2001. （邦訳：金信泰造訳，『曲面・結び目・多様体のトポロジー』，培風館，2003）

John Fauvel, Raymond Flood, and Robin Wilson (eds.), *Möbius and His Band: Mathematics and Astronomy in Nineteenth-Century Germany*, Oxford University Press, Oxford 1993. （邦訳：山下純一訳，『メビウスの遺産——数学と天文学』，現代数学社，1995）

第17章

Martin Kemp, Callan's canyons: art and science, *Nature* 390 (11 December 1997) 565.

Adrian Webster, Letter to the editor, *Nature* 391 (29 January 1998) 431.

第18章

Colin Adams, *The Knot Book*, W.H. Freeman, New York 1994. （邦訳：金信泰造訳，『結び目の数学——結び目理論への初等的入門』，培風館，1998）

Clifford W. Ashley, *The Ashley Book of Knots*, Faber & Faber, London 1993.

M. Bigon and G. Regazzoni, *The Morrow Guide to Knots*, Morrow, New York 1982. （邦訳：杉浦昭典訳，『結びの百科——実用70種の結び方を鮮明な連続写真でマスター』，小学館，1983）

Roger E. Miles, *Symmetric Bends*, World Scientific, Singapore 1995.

Phil D. Smith, *Knots for Mountaineering* (3rd edn), Citrograph, Redlands 1975.

Alexei Sossinsky, *Knots*, Harvard University Press, Cambridge MA 2002.

第 19 章

W.S. Andrews, *Magic Squares and Cubes*, Dover, New York 2000.

Kathleen Ollerenshaw, *To Talk of Many Things*, Manchester University Press, Manchester 2004.

Kathleen Ollerenshaw and David S. Brée, *Most-Perfect Pandiagonal Magic Squares: Their Construction and Enumeration*, Institute of Mathematics and Its Applications, Southend-on-Sea 1998.

Frank J. Swetz, *Legacy of the Luosho*, A.K. Peters, Wellesley MA 2008.

第 20 章

Underwood Dudley, *A Budget of Trisections*, Springer, New York 1987.

Underwood Dudley, *Mathematical Cranks*, Mathematical Association of America, Washington DC 1996.

Underwood Dudley, *The Trisectors*, Mathematical Association of America, Washington DC 1996.

Mario Livio, *The Equation That Couldn't Be Solved*, Souvenir Press, London 2006.（邦訳：斉藤隆央訳,『なぜこの方程式は解けないか?——天才数学者が見出した「シンメトリー」の秘密』, 早川書房, 2007）

Ian Stewart, *Galois Theory*, CRC Press, Boca Raton 2003.（邦訳：並木雅俊/鈴木治郎共訳,『明解ガロア理論』, 講談社, 2008）

Ian Stewart, *Why Beauty is Truth*, Basic Books, New York 2007.（邦訳：水谷淳訳,『もっとも美しい対称性』, 日経 BP 社, 2008）

第 21 章

Martin Gardner, *The Colossal Book of Mathematics*, W.W. Norton, New York 2001.

Robin J. Wilson, *Introduction to Graph Theory*, Longman, Harlow 1985.（邦訳：西関隆夫/西関裕子共訳,『グラフ理論入門』, 近代科学社, 2001）

訳者あとがき

　本書は Ian Stewart 著 *Cows in the Maze: And Other Mathematical Explorations*（Oxford Univ. Press, 2010 年）の全訳である．

　著者のイアン・スチュアートは英国ワーウィック大学数学科の名誉教授であり，本書をはじめとするサイエンティフィック・アメリカンやそのフランス版での連載からの選集だけでなく，数学に関する啓蒙書を数多く執筆している．（これらのうちの多くは参考文献にあげられているので，そちらを参照していただきたい．邦訳があるものについては，できるかぎりそこに付記するようにした．）また，いくつもの空想科学小説を雑誌に発表したり，本書にも登場するテリー・プラチェットの *Discworld* シリーズの解説本を執筆したりもしている．こういった多才さは，本書でも空想科学小説仕立てのいくつかの章を読むとおわかりいただけると思う．

　原著のタイトルを邦訳でもそのまま使うことにした風変わりな書名『迷路の中のウシ』は，本書をお読みいただければわかるように，ロバート・アボットが考案した論理的迷路「牛はどこ？」にちなむものだ．迷路にいる牛といえば，多くの読者が真っ先に思い浮かべるのは，クレタ島の迷宮に幽閉された牛頭人身の怪物ミノタウロスであろう．ミノタウロスは最終的にアテネの伝説的英雄テセウスによって討ち取られるが，テセウスはその後迷宮の入り口に結びつけたアリアドネの糸をたぐって迷うことなく迷宮を脱出する．「牛はどこ？」にはアリアドネの糸はないが，読者の叡智と根気を存分に発揮できれば，牛にたどり着くことができるはずだ．

　翻訳に際して，原著者のスチュアート教授には，いくつかの質問に対してすぐに電子メールで返事をいただいた．心より感謝したい．第 11 章の *Discworld* に関する訳語についてはファンタジー研究家の中野善夫氏に，第 19 章の魔方

陣に関する用語については方陣研究家の中村光利氏に貴重な助言をいただいた．また，ユニオン・カレッジ数学科の Davide P. Cervone 教授には，図 16.1a の高解像度画像を提供いただいた．そして，日本語版の編集にあたっては，共立出版株式会社の石井徹也氏に大変お世話になった．これらの方々に感謝の意を表したい．

　まえがきでも述べられているように，マーチン・ガードナーによるサイエンティフィック・アメリカンでの『数学ゲーム』の連載が終了した後，その精神を引き継いだスチュアートの約 10 年間に渡る連載も，多くの娯楽数学愛好家を楽しませてきた．ただし，ガードナーが科学ジャーナリストとして娯楽数学にまつわるさまざまな話題を紹介してきたのに対して，数学者であるスチュアートの記事は楽しい娯楽数学の話題から始めてその背後にある数学（ときには物理）理論へと導いてくれるものが多い．もちろん，そのような数学や物理学のそれぞれの領域を十数ページ程度で紹介しきるのは到底無理である．読者が本書によって興味をもたれた領域があれば，ぜひとも参考文献にあげた論文や書籍などへと読み進み，さらなる数学探求に邁進していただきたい．

　2015 年新春

訳者

索 引

A
Amusements in Mathematics（デュードニー） 6–7, 165
Ashley Book of Knots（アシュリー） 209

B
Broken Dice（エクランド） 10–11
Budget of Trisections（ダッドリー） 234

C
Cat's Cradle（ヴォネガット） 176–177
CTC（時間的閉曲線） 88, 99–109

D
DNA
　　VNTR（反復配列多型）領域 140
　　——鑑定法 136, 139–140
　　——指紋法 ⇒ DNA 鑑定法
　　証拠 136
　　二重螺旋構造 196
　　複数部位プローブ 140

E
Exposition du Système du Monde（ラプラス） 91

G
Gathering for Gardner III 239

H
Hex Strategy（ブラウン） 24, 29

K
Knot Book（アダムス） 206
Knots for Mountaineering（スミス） 209

L
Le Voyageur Imprudent（バルジャヴェル） 98
Life, The Times, and the Art of Branson Graves Stevenson（アンダーソン Jr.） 193

M
Manifold（雑誌） 25
Mathematical Magic Show（ガードナー） 6
Mathematical Puzzles and Diversions（ガードナー） 25
Mathematical Recreations（クライチック） 165
Mathematical Recreations and Essays（ラウズ・ボール/コクセター） 165
Morrow Guide to Knots（ビゴン/レガッツォーニ） 209

Most-Perfect Pandiagonal Magic Squares（オルレンショー／ブレー） 216

N
NASA 202

O
On Growth and Form（トムソン） 130

R
Récréations Mathémetiques et Physiques（オザナム） 164

S
String Figures and How to Make Them（キャロライン） 182
Supermazes（アボット） 150
Symmetric Bends（マイルズ） 206

Y
Y 29

ア
アーチブレイ財団 193
アーベル, ニールス・ヘンリック 229
アインシュタイン, アルバート 76, 86
アインシュタイン方程式 88–91, 93, 103
アダマール, ジャック 34
アダムス, コリン・C. 62, 65, 67, 206
アテス王 2
アボット, ロバート 150, 151
アポロ宇宙船月面着陸 114
あやとり 238
　　インディアンのダイアモンド 180–182

馬の目 ⇒ 猫の目
かいば桶 179, 180
鏡 ⇒ 蝋燭
基本操作 178
教会の窓 ⇒ 兵士のベッド
下駄の歯 ⇒ 蝋燭
格子 ⇒ ダイアモンド
琴 ⇒ 蝋燭
米挽き臼 ⇒ 皿の上の魚
逆さゆりかご ⇒ かいば桶
皿の上の魚 179, 180
ダイアモンド 179, 180, ⇒ 猫の目
田んぼ ⇒ 兵士のベッド
チェス盤 ⇒ 兵士のベッド
鼓 ⇒ 皿の上の魚
時計 179, 180
猫の目 179, 180
猫のゆりかご 177–180
猫又 ⇒ 兵士のベッド
――の数学 176–183
箸 ⇒ 蝋燭
兵士のベッド 179, 180
水 ⇒ 猫のゆりかご
モチーフ 183
霊柩車 ⇒ 猫のゆりかご
蝋燭 179, 180
アレクサンダー, J.W. 212
アレクサンダー多項式 212
アンダーソン Jr., ハーバート・C. 193
アンプト 228

イ
位相幾何学 89
　絡み目 186
　トーラス 62
　不変量 212–214
　結び目 186

連続変形　186, 206
位相同型　62, 65–67
遺体発見の誤審　143
位置解析　89
一般相対性理論　86–88
遺伝子指紋法　⇒ DNA 鑑定法
色交換　209

ウ

ヴァンデルモンド，アレクサンドル・テオフィール　165
ウィグナー・ザイツ胞　⇒ ボロノイ胞体
ヴィザー，マット　103, 110
ウェッジウッド，ジョサイア　193
ウェブスター，エイドリアン　196–198
ウェルズ，H.G.　71, 72, 74
ヴォネガット，カート　176–177
ウォルフ，マレク　34
禹皇帝　218
ウシスキン，ザルマン　12
宇宙ひも　106–109
裏返し　208
ウルマー，リチャード　171–172
ウロブリュースキー，ジャロスロー　41

エ

エヴェレット Jr.，ヒュー　98
エガーズ，ジーン　129
エキゾチック物質　103
エクランド，イーヴァル　10–11
エジャートン，ハロルド　130
エピメニデスのパラドックス　150–151
エリュシス　150
エルゴ領域　104
エルデシュ，ポール　39
円錐曲線　114

円積問題　232, 233

オ

オイラー閉路　241, 242
オイラー，レオンハルト　165, 241–242
オースラムの壺　190, 191
大原淳　213
オーラヴ，ノルウェー王　10–11
オザナム，ジャック　164
オゼルムの壺　⇒ オースラムの壺
オッペンハイマー，ロバート　91
オドリツコ，アンドリュー　34, 36
オルレンショー，デイム・キャサリン　216–217

カ

カーヴィヤーランカーラ (ルドラタ)　164
母さん芋虫の毛布問題　16
ガードナー，マーチン　6, 21, 25, 150, 238
カー・ノイマン・ブラックホール　103
カー・ブラックホール　103–105
カー，ロイ　103
回転　208
回転襲歩
　　　チーター　55
回転波　53, 54
回転ブラックホール　⇒ カー・ブラックホール
外部地平面　104
カウォール，ベルント　16–18
科学博物館　186
可逆方陣　220–224
　　　12 次　221
　　　4 次　221
　　　主方陣　223
角の三等分　114, 232–234

確率　10, 136
　　　実験　145–146
　　　条件付き—　137–144, 146
火星
　　　—の軌道　114
カラン，ジョナサン　196–203
ガロア，エヴァリスト　229, 231
ガロア群　231
ガロア理論　230, 231
間隔
　　　事象の—　79, 80
完全方陣　⇒ 汎対角魔方陣

キ

キース，グレッグ　238
騎士の巡歴　164–172
　　　回転対称　171
　　　シュウェンクの証明　167–168
　　　線対称　172
　　　ハミルトン閉路　165–168
　　　魔方陣　170–171
基準系　77
擬人化原理　136
キム，スコット　238
逆順相似　220
逆転　209
キャットフラップ効果　102
キャロル，シーン　108
キャンベル，アンディ　170
キュリーの対称原理　47, 50
キュリー，ピエール　47
鏡像　209
銀河星団　200–202

ク

グース，アラン　108
クエーサー　86

組合せ論　217
クライチック，モリス　165
クラインの壺　186, 188–192
　　　オースラムの壺　190
　　　オゼルムの壺　⇒ オースラムの壺
　　　三重の入れ子　190
　　　三つ首　190
　　　螺旋状　192
クラスター夫人，エドムンド　46
クラップス　4–5
　　　クラップ・アウト　4
　　　蛇の目　4
　　　ナチュラル　4
　　　変則さいころ　5–6
グランヴィル，アンドリュー　42
グリーン-タオの定理　40–42
グリーン，ベン　40
クリック，フランシス　196
グリム，パトリック　150
クロウ，ラッセル　25

ケ

計量
　　　時空の—　86, 88
ゲーデル，クルト　229
ケーニヒスベルクの橋　241–242
ゲーム
　　　実効目標値　7
　　　—の解析　7–9
ゲーム理論　25
ケプラー，ヨハネス　114
検察官の誤審　139–140
原子時計　82
ケンプ，マーチン　196–197

コ

光円錐　79, 86, 88

時間的曲線　79
光子　78, 80
光速　74–78, 80
光年　78
コクセター，ハロルド・スコット・マクドナルド（ドナルド）　165
誤審
　　遺体発見の—　143
　　検察官の—　139–140
　　取調官の—　136–144
古代ギリシャ人　114
ゴット，J. リチャード　107–108
古典力学　76
ゴロム，ソロモン　166
コンウェイ，ジョン・ホートン　34

サ

さいころ　2–13
　　いかさま　5–6
　　一点細工　6
　　確率　3–5, 9–10, 138, 145
　　ゲーム　7–9
　　手品/隠し芸　6
　　非推移的—　9–13
　　非標準な目の配置　9–13
　　変則—　5–6
　　目の配置　3
　　歴史　2
作図
　　正17角形　233
　　正257角形　233
　　正65,537角形　233
　　正多角形　233
　　不変量　233
作図問題　231–234
左右対称　46
サリー・クラーク裁判　139

三平方の定理　79, 116
三葉結び目　65–67

シ

シ, X.D.　130–132
シェイファー，カール　238–241
シェイファー博士とスターン氏の舞踏団　238
シェーファー，ジョナサン　27
ジェーン，キャロライン　182
ジェフリーズ，アレック　140
時間の遅れ　80
時間の障壁　100, 101
敷き詰め　62–69
　　穴あき立方体　64–65
　　三葉結び目　65–67
　　トーラス　62–65
　　トーラス結び目　68–69
　　ドミノ牌　230–231
　　プロトタイル　62–67
　　分割/再構成原理　63–65
　　萌芽原理　65, 67
　　立方格子　62, 64, 66, 67
自己参照文　150–151
自己相似性　122, 132
自己組織化臨界現象　196, 198
事象
　　—の間隔　79, 80
事象の地平面　91, 93, 94
　　外部地平面　104
　　内部地平面　104
自然数　34
自白率　142
シャーマン，マーク・A.　183
遮光塀
　　円の—　19–20
　　球の—　21

　　　　正五角形の—　18
　　　　正三角形の—　18
　　　　正多角形の—　19
　　　　正方形の—　16–18
　　　　正六角形の—　18–19
　　　　立方体の—　21
シュヴァルツシルト，カール　91
シュヴァルツシルト解　103
シュヴァルツシルト半径　91, 92
自由意志　89, 98
シュウェンク，アレン・J.　165
重力　82, 86
　　　ニュートンの法則　86, 114
　　　—レンズ　86, 107, 108
シュタイナー木　17, 18
シュトラウス，E.G.　39
証拠
　　　DNA　136
証明
　　　偶奇性　166
ジョーンズ多項式　212
ジョン　⇒ ヘックス
心理プロファイリング　142

ス

スターテンブリンク，ギュンター　171
スチーブンソン，ブランソン　193
スナイダー，ハートランド　91
スノウ，ジョン　199
スフェリコン　114–119
スミス，フィル　209

セ

正三角形　119
静止限界　104
正多角形　232
正 8 面体　117

世界線　78, 88
漸近的に平坦　87

ソ

相似解　130–132
相対性理論
　　　一般—　86–88
　　　特殊—　76–82
ソーン，キップ　99
側対歩
　　　キリン　50
　　　ラクダ　50
測地線　86
素数　34–42
　　　—階乗　36
　　　グリーン-タオの定理　40–42
　　　跳躍チャンピオン　34–39
　　　跳躍チャンピオン予想　36
　　　—定理　34, 37
　　　ハーディ-リトルウッドの k 組—予想
　　　　　36–37, 39
　　　フェルマー—　40
　　　不可能性の証明　228–229
　　　双子—予想　36–37
　　　メルセンヌ—　40
ソフォクレス　2
祖父のパラドックス　98

タ

対称性の破れ　50–54
対称変換
　　　色交換　209
　　　裏返し　208
　　　回転　208
　　　逆転　209
　　　鏡像　209
　　　中心反転　208

タオ，テレンス　40
多世界解釈　98–99
ダッドリー，アンダーウッド　234
ダンス　238–243
　　正4面体—　239
　　プラトン多面体—　239–240
　　立方8面体—　239

チ
チェッカー　27
チェルモニ，ラーナン　41
中心反転　208
中枢パターン生成器
　　ターザンの—　55–57, 58
中性子星　93
長方陣　224–225
跳躍
　　カンガルー　49
跳躍チャンピオン　34–39
　　—予想　36

ツ
継ぎ目　206–212
　　いぼ結び　⇒ 俵結び
　　回転対称—　208, 209
　　垣根結び　⇒ 俵結び
　　カメレオン　210
　　艤装者継ぎ　⇒ ハンター継ぎ
　　基本—　207
　　固定端　207
　　こま結び　⇒ 横結び
　　自由端　207
　　対称変換　208, 209
　　縦結び　207
　　俵結び　207
　　中心対称—　208, 209
　　泥棒結び　207, 209

二重八の字継ぎ　⇒ フラマン継ぎ
ハンター継ぎ　208
フラマン継ぎ　210
本結び　⇒ 横結び
真結び　⇒ 横結び
横結び　206

テ
デイシュ，セシル　119
定常波　53, 54
テイラー，ブルック　164
ディリクレ，ペーター・グスタフ　199
ディリクレ領域　⇒ ボロノイ胞体
定和　216, 217
デカルト，ルネ　80, 199
デターマン，ジョン・D.　119
デュードニー，ヘンリー・アーネスト
　　6–7, 165
デュポン，トッド・F.　129

ト
ドイチェ，デビッド　98
等差素数列　40, 41
トーラス　62
　　結び目　68–69
特異点　129–130
特殊相対性理論　76–82
トマホーク　233
トムソン，ダーシー　130
ド・モアブル，アブラーム　164
ド・モンモール，ピエール・レイモンド
　　164
ドラフツ　⇒ チェッカー
トルケマダ，トマス・デ　136
取調官の誤審　136–144

トレパル，ジョージ　11–12

ナ
内部地平面　104
ナヴィエ–ストークス方程式　129
中村光利　225
ナッシュ　⇒　ヘックス
ナッシュ，ジョン　25–26

ニ
二重円錐　115
ニュートン，サー・アイザック　114

ヌ
ヌル測地線　80

ネ
ネルソン，ハリー・L．　34
粘性　128, 130, 132

ノ
ノーベル賞　25

ハ
ハーディ，ゴッドフレイ・ハロルド　36, 37
ハーディ-リトルウッドの k 組素数予想　36–37, 39
ハーマン，マイケル　68–69
倍積問題
　　立方体　114, 232, 233
ハイゼンベルク
　　不確定性原理　93
ハイン，ピート　25
ハゲドーン，トム　224–225
バック，パー　198
バッド，クリス　238

ハミルトン閉路　165–168
パラドックス
　　エピメニデスの—　150–151
　　祖父の—　98
　　双子の—　80–81, 99
パラメデス　2
バルジャヴェル，ルネ　98
バローズ，エドガー・ライス　50
バンクロフト，ドン　120
反重力宇宙　104
ハンター，エドワード　208

ヒ
ビゴン，マリオ　209
ヒ，ゼン・ズ　213
ヒペリオン　202
表面張力　125, 128

フ
ファーヒ，エドワード　108
ファラデー，マイケル　118
ファリー，I．　212
プーサン，チャールズジーン・デ・ラ・ヴァレー　34
フェイバー，ヴァンス　17
フェルマー素数　40
不確定性原理　93
複雑性理論　196–198
福原真二　213
双子のパラドックス　80–81, 99
不変量　212–214, 231, 233
　　アレクサンダー多項式　212
　　ジョーンズ多項式　212
ブラーへ，ティコ　114
ブラウン，キャメロン　24
フラクタル　122
プラチェット，テリー　133, 228

ブラックホール 91–93
  エルゴ領域 104
  カー・— 103–105
  カー・ノイマン・— 103
  外部地平面 104
  事象の地平面 91, 93, 94
  静止限界 104
  特異点 91, 93, 103, 104
  内部地平面 104
  レイズナー・ノルドシュトゥル・— 103
ブラッケ，ケネス・A. 21
プラトン多面体 240
プランク，C 218
フリードマン，マイケル 213
ブリソン，スティーブ 213
ブリルアン域 ⇒ ボロノイ胞体
プリンストン大学 25
ブレー，デビッド・S. 216–217
フロスト，アンドリュー・H. 218
プロトタイル 62–67
プロバート，マーチン 183

ヘ

平行世界 98
ベイズ，トーマス 140
ベイズの定理 140–143, 147
べき根 229
ヘックス 24–31
  証明 26–27
  先手必勝戦略 27
  戦略拝借 26–27, 29
  橋 28–29
  梯子 29
  米国地図 29
  変形 29–31
ベネット，アラン 186, 189–192

ペレグリン，ハウェル 127, 130
ヘロドトス 2
ヘンリクソン，ロバート・L. 193
ペンローズ図 102
  カー・ブラックホール 104–105
  ワームホール 102
ペンローズ，ロジャー 102

ホ

ポアンカレ，アンリ 76, 187
ホイーラー，ジョン・アーチバルド 91
方程式
  5次— 229–231
  解の公式 229
放物線 200
ポーザ，ルイス 166–167
歩法 ⇒ 歩容
歩様 ⇒ 歩容
歩容 46–58
  回転襲歩 55
  回転波 53, 54
  駈歩 47
  カンガルー 49
  キュリーの対称原理 47, 50
  キリン 50
  周期的動作 47
  相対位相 48–50
  側対歩 50
  対称性の破れ 50–54
  チーター 55
  中枢パターン生成器 55–57, 58
  跳躍 47
  定常波 53, 54
  常歩 47
  はね跳び 47
  ラクダ 50
ポリゴン ⇒ ヘックス

ボロノイ泡モデル 201
ボロノイ境界 200
ボロノイ，ゲオルギ 199
ボロノイ胞体 198–202
ホワイトホール 93
盆栽 122
盆山 123, 133

マ

マー，ゲイリー 150
麻雀 3
マイケルソン，アルバート 75–76
マイルズ，ロジャー・E. 206–212
マクリントック，エモリー 219
マシューズ，ロバート 136–137
マックスウェル
　　電磁方程式 76
魔方陣 170–171, 216–225
　　12 次 220
　　1 次 217
　　2 次 217
　　3 次 217–218
　　4 次 216, 218
　　5 次 218
　　完備 220
　　騎士の巡歴 170–171
　　最完全— 216, 219–224
　　準— 170–171
　　相結 219
　　長方陣 224–225
　　定和 216, 217
　　汎— ⇒ 汎対角魔方陣
　　汎対角— 218–219
　　洛書 218

ミ

ミシエルスキー，ジャン 17

ミッチェル，ジョン 91
ミンコフスキー時空 77–81
　　CTC（時間的閉曲線） 88
　　基準系 77
　　漸近的に平坦 87
　　—の計量 90

ム

結び目 206–214
　　三葉— 65–67
　　トーラス— 68–69
　　—理論 177

メ

メイリニャック，ジーン 171
迷路 150–160
　　伝統的— 156
　　深さ優先探索 156–157
メビウスの帯 117, 186–188
目盛付き定規 233
メルセンヌ素数 40

モ

モーリー，エドワード 75–76
モリス，マイケル 99

ヤ

ヤン，ジン 27

ユ

ユークリッド 232
　　—空間 86
ユルツェヴァー，ウルヴィ 99

ラ

ライプニッツ，ゴットフリート 3, 145
ラウズ・ボール，ウォルター・ウィリアム

165
ラキュセン，デビッド 120
ラフィーニ，パオロ 230
ラプラス，ピエール・シモン 91
ランジュバン，ポール 80

リ
立方格子 62, 64, 66, 67
立方体 117
　　倍積問題 114, 232, 233
リトルウッド，ジョン・エデンサー 36, 37
量子力学 98
臨界角 197
輪環面 ⇒ トーラス
リンデマン，フェルディナント・フォン 233

ル
涙滴形 124–132
ルドラタ 164
ルビンシュタイン，マイケル 34

レ
レイズナー・ノルドシュトゥル・ブラックホール 103
レイリー卿，ロバート・ジョン・ストラット 126
レガッツォーニ，グイド 209

ロ
ローレンツ変換 76
ローレンツ，ヘンドリック 76
ロバーツ，C.J. 114, 116–117, 118

ワ
ワームホール 93–95

タイム・マシン 99–103
ワトソン，ジェームス 196
ワルンスドルフ，H.C. 165
ワン，ゼンハン 213

〈訳者紹介〉

川辺治之（かわべ　はるゆき）

1985年：東京大学理学部卒業
現　在：日本ユニシス（株）　総合技術研究所　上席研究員
主　書：『Common Lisp 第2版』，共立出版（共訳）
　　　　『Common Lisp オブジェクトシステム—CLOSとその周辺—』，共立出版（共著）
　　　　『スマリヤン先生のブール代数入門—嘘つきパズル・パラドックス・論理の花咲く庭園—』，共立出版（翻訳）
　　　　『群論の味わい—置換群で解き明かすルービックキューブと15パズル—』，共立出版（翻訳）
　　　　『組合せゲーム理論入門—勝利の方程式—』，共立出版（翻訳）
　　　　『数学で織りなすカードマジックのからくり』，共立出版（翻訳）
　　　　『記号論理学——般化と記号化—』，丸善出版（翻訳）
　　　　『この本の名は？—嘘つきと正直者をめぐる不思議な論理パズル—』，日本評論社（翻訳）
　　　　『箱詰めパズル　ポリオミノの宇宙』，日本評論社（翻訳）
　　　　『スマリヤンのゲーデル・パズル—論理パズルから不完全性定理へ—』，日本評論社（翻訳）

数学探検コレクション **迷路の中のウシ** （原題：*Cows in the Maze: And other mathematical explorations*） 2015 年 3 月 10 日　初版 1 刷発行 検印廃止 NDC 410.79 ISBN 978-4-320-11101-1	訳　者　川辺治之　©2015 原著者　イアン・スチュアート（Ian Stewart） 発行者　南條光章 発行所　共立出版株式会社 　　　　東京都文京区小日向4-6-19 　　　　電話　03-3947-2511（代表） 　　　　郵便番号112-0006 　　　　振替口座 00110-2-57035 　　　　URL http://www.kyoritsu-pub.co.jp/ 印　刷　藤原印刷 製　本　協栄製本 　一般社団法人 　　　　自然科学書協会 　　　　会員 Printed in Japan

JCOPY　〈(社)出版者著作権管理機構委託出版物〉

本書の無断複写は著作権法上での例外を除き禁じられています．複写される場合は，そのつど事前に，(社)出版者著作権管理機構（電話 03-3513-6969，FAX 03-3513-6979，e-mail: info@jcopy.or.jp）の許諾を得てください．